中国工程科技2040发展战略丛书

中国工程科技2040发展战略

海洋领域报告

“中国工程科技2040发展战略研究”项目组

科学出版社
龍門書局
北京

内 容 简 介

《中国工程科技2040发展战略·海洋领域报告》通过一系列跨学科交叉的技术预见分析，提出面向2040年的中国海洋领域工程科技的发展思路、战略目标与总体架构，各子领域的重点任务、重大工程与重大工程科技项目，以及工程科技需求牵引的基础研究方向建议。

本书涵盖海洋与极地环境探测与装备、海洋生物资源探查及开发、海底资源勘查及开发、海水资源和海洋能综合利用、海洋环境安全保障、海洋装备等多个子领域，系统性、综合性、前瞻性强，可为相关政府部门系统谋划和前瞻部署提供参考，为科研工作者把握学科前沿动态、明确研究方向提供指引，为科技企业洞察行业发展趋势、优化企业技术创新布局提供助力，同时智库研究人员、社会公众也可通过本书了解海洋领域工程科技发展状况和未来图景。

图书在版编目（CIP）数据

中国工程科技2040发展战略. 海洋领域报告 / “中国工程科技2040发展战略研究”项目组编. -- 北京 : 龙门书局, 2025. 6. -- ISBN 978-7-5088-6738-0

Ⅰ. G322；P75-12

中国国家版本馆CIP数据核字第2025RJ5789号

责任编辑：石　卉　张翠霞 / 责任校对：刘　芳

责任印制：师艳茹 / 封面设计：有道文化

科学出版社
龙门书局 出版

北京东黄城根北街16号

邮政编码：100717

http：//www.sciencep.com

北京中科印刷有限公司印刷

科学出版社发行　各地新华书店经销

*

2025年6月第　一　版　开本：720×1000　1/16

2025年6月第一次印刷　印张：12

字数：192 000

定价：98.00元

（如有印装质量问题，我社负责调换）

“中国工程科技未来20年发展战略研究”

联合领导小组

组　长： 李晓红　窦贤康

副组长： 邓秀新　王希勤

成　员（以姓氏笔画为序）：

王　岩　王振海　王璞玥　卢春房　付雪峰
刘　克　刘作仪　杨俊林　张守攻　张　军
张伯礼　周守为　洪　微　费爱国　姚玉鹏
贺克斌　聂建国　倪培根　赖一楠　谭天伟

联合工作组

组　长： 樊新岩　姚玉鹏

成　员（以姓氏笔画为序）：

丁养兵　于　璇　马守磊　孙　粒　陈冰玉
焦　栋

“中国工程科技2040发展战略丛书”

编 委 会

秘 书 组

组　长： 黎青山　王崑声

副组长： 马守磊　孙　粒　周晓纪

成　员（以姓氏笔画为序）：

王宏伟　付　强　刘宇飞　刘晓刚　刘盛志
许彦卿　孙　磊　孙胜凯　李欣欣　杨　毅
杨晓迎　杨富裕　沈　顺　张永伟　张国生
张铁煊　张增志　陈　涛　陈　磊　陈欣意
周　源　郑文江　胡承志　贾　怡　徐熙阳
高　丹　黄廷锋　隋秀峰　黎成权　薛晓娟
魏　畅

《中国工程科技2040发展战略·海洋领域报告》

编　委　会

工　作　组

总　序

习近平总书记指出，“工程科技的每一次重大突破，都会催发社会生产力的深刻变革，都会推动人类文明迈向新的更高的台阶”。“中国工程科技未来20年发展战略研究”（以下简称“未来20年战略研究”）是中国工程院与国家自然科学基金委员会联合组织开展的工程科技中长期发展战略研究，是践行国家高端智库和思想库使命，围绕科技创新发展的全局和长远问题，强化科技战略咨询，引导全社会推进工程科技系统创新、引导我国科学家面向需求开展基础研究的重要抓手，自2009年迄今已开展三轮。当前，在中国迈入全面建成社会主义现代化强国的伟大征程这一历史节点，面向2040年开展未来20年战略研究，以人本视点、长远视角、全球视野谋划工程科技体系创新，对于发挥工程科技创新在中国式现代化伟大实践中的强大驱动和支撑作用，显得尤为重要。

一、明确战略导向，系统谋划工程科技体系创新，抢抓新一轮科技与产业革命的战略主动权

当前我们所处的时代，是一个正在孕育和推进巨大变革的时代。一是，新一轮科技革命和产业变革深入发展，新的“技术—经济”周期正在酝酿，科学研究不断突破人类认知边界，技术创新进入前所未有的密集活跃期，自然科学与工程技术正在经历一场空前的大整合，前沿科技领域即将发生一系列重大群体性突破，数字化、网络化、智能化加快与各领域融合，科技和产业形态正在发生体系性变革，一系列颠覆性技术和前沿技术将催生新产业、新模式、新动能，加速形成新质生产力。二是，科技革命与大国博弈相互交织，世界各国竞相布局新领域新赛道，高技术领域成为国际竞争最前沿和主战场，全球科技创新版图将持续进行深度重构，正在并将更加深刻地重塑全球秩序和发展格局，我国建设科技强国的环境更加复杂、任务更加艰巨、挑战更加严峻。三是，中国经济社会进入现代化发展新阶段，质量变革、效率变革、动力变革成为现代化发展的核心主题，本质要求以科技创新引领产业创新，以科技现代化支撑高质量发展，以科技强促进产业强、经济强、国家强，全面推进中华民族伟大复兴。

由此可见，面对百年未有之大变局，科技创新的战略导向十分紧要，工程科技的战略选择至关重要。站在新的历史方位，我们必须把握历史主动和战略主动，作为工程科技思想库，我们更加有责任对工程科技在中国式现代化发展中的作用做出回答，并且要做出系统、科学的回答。通过集聚群智，超前谋划、系统研究，深刻认识、准确把握、主动适应当代科技创新大势，统筹研究与解决工程科技领域战略性、方向性、全局性重大问题，策源重大战略、推动重大攻关，力争在新一轮科技革命的浪潮之巅掌握主动权，为中国乃至全球创新发展贡献方案和智慧，以工程科技赋能传统产业转型升级、培育壮大新兴产业、前瞻布局未来产业，引领现代化产业体系建设，充分发挥工程科技战略对我国工程科技进步和经济社会发展的引领作用。

二、擘画发展愿景，面向全球性挑战和人类共同未来，科学描绘工程科技发展路线图

科技进步在以空前的力量和速度改变人类生产和生活方式，但科技发展的不确定风险也为本就充满变数的世界带来诸多挑战。世界进入大科学时代，工程与科学技术的综合集成加速了科技转化和工程运行节奏，数字智能、绿色低碳和以人为本，成为未来20年全球工程科技创新的最突出主题，人工智能技术成为新一轮科技革命的核心驱动力，可望推动人类迈向普惠型智能社会，绿色、低碳发展成为人类应对气候变化生存危机的最根本路径，工程科技对经济社会及环境等方面的影响不断加深，工程实践日益成为一个社会建构的过程，不仅将引发产业变革，且将在更大程度上引起社会整体性变革，推进人类社会进入崭新的未来世界。与此同时，科技发展本身的风险不容忽视，物理世界、虚拟世界以及人类社会的脆弱性日益凸显，人类发展面临前所未有的挑战，战略失策的风险增加。面向未来，技术方向、技术路线选择是否正确，将决定能否抓住颠覆性创新的窗口期、把控产业体系重构的正确方向、把握技术路径与产业发展主导权，能否有效提高国家科技资源配置效率、满足安全发展和应对全球性挑战的需求，以及是否符合科技伦理的要求和全球科技治理格局重塑的需要。

因此，在不确定不稳定大变局下，我们将怎样看待2040年的中国？怎样看待2040年的世界？怎样看待2040年的人类社会？面对这些前景、挑战和不确定性，我们更加强调以科学的方法开展前瞻战略研究，更加强调立足人与社会的长远发展愿景，以更好地增进人类福祉为目标开展科技发展路径选择，更加强调考量社会经济发展需求与工程科技发展的双向作用。为此，在中国工程科技2040发展战略研究（以下简称“2040战略研究”）中，我们创新提出了“愿景驱动的工程科技2040发展战略研究”方法体系，进一步突出需求和愿景驱动，充分发挥工程科技的实践性、创造性、带动性和选择性作用，以更好、更有效地创造和满足人类发展需求为出发点，将技术预见、工程科技发展可能性与经济社会发展需求紧密结合，强调对未来经济社会与科技融合发展的愿景的预见和预判，深度描绘未来发展蓝图，以期选择正确的发展方向，谋划科学高效的发展路径，提出合理可行的发展策略，追求新兴技术与社会发展的和谐统一，通过工程科技的系统性创新与工程实践，主动塑造更加理想的未来，推动人类社会可持续、安全和健康发展。

三、突出联合优势，推动基础研究与工程科技的互融共促，全链条筑牢高水平自立自强根基

基础研究是科技创新的源头和先导，是实现高水平科技自立自强的根基和前提。当前，科学研究范式发生深刻变革，基础研究、应用研究、试验发展呈现非线性链接、互融共促的新特征，基础研究转化周期明显缩短，基础研究与工

程科技的关系将更加密切。从科技革命发展的态势看，国际科技竞争不断向基础前沿前移，要抢抓科技革命发展机遇，必须从底层做起，推动原创性、颠覆性科技创新，实现基础研究与产业研发的底层耦合与深度联动、理论与技术的闭环反馈与快速迭代，为发展新质生产力开辟新领域新赛道，塑造新动能新优势。与此同时，我国当前产业体系和重大工程关键环节仍存在一些短板弱项，其中很大一部分是对基础理论和基础问题认识不清造成的，聚焦现代化经济体系建设要求、产业链和产业生态体系安全发展要求，迫切需要加强需求牵引、问题导向的基础研究部署。

因此，在2040战略研究中，我们把从工程科技发展需求中特别是从重大工程建设需求中提出基础研究问题作为研究重点之一，以充分发挥中国工程院汇聚一大批工程科技界大师的优势，加强工程科技界和基础研究界院士专家的交流互动，围绕工程科技需求共同凝练基础研究问题，提高工程创新中的系统工程思维在基础研究领域整体谋划布局中的作用，强化基于国家战略需求的重大科学问题前瞻布局，促进基础研究与应用研究、成果转化融通发展，进而牵引和拓宽基础科学发展空间。同时，充分发挥国家自然科学基金委员会覆盖自然科学全领域的专家资源优势，加强重大任务和重大科技项目的凝练。这样，既能选择、引导、带动基础研究，又能推动工程科技创新与产业变革，为实现高水平科技自立自强、推动经济社会发展、建设现代化强国做出更大贡献。

总之，2040战略研究具有工程科技与经济社会发展结合紧、从基础研究到重大工程链条全、工程科技覆盖体系强、路线图研究积累深等特点，研究过程中，坚持以院士为核心、以专家为骨干，强调发挥战略科学家的作用，注重吸纳优秀中青年专家参加，动员了各领域近300位院士以及近900位专家，并通过技术预见调查等方式，吸收5000多位专家的意见，强化研究的开放性，充分凝聚各界智慧。在本套丛书即将付梓之际，我们谨对参与和指导项目研究的领导、院士、专家表示诚挚的感谢。

“中国工程科技2040发展战略丛书”包含1部综合报告，1部技术预见报告，11部领域战略研究报告，以及1部《中国工程科技2040发展战略·需求导向的基础研究导论》，力图通过较为系统、全面的战略研究和成果传播，在支撑国家战略规划和决策的同时，为社会各界了解工程科技发展态势、开展技术方向选择等提供指引，为各有关方面规划研究编制提供参考，推动社会各界共同推进工程科技创新，共同迎接和创造新的未来。

展望未来，中国工程院和国家自然科学基金委员会将继续鼎力合作，将未来20年战略研究作为长期任务加以推进，以期通过持续研究，不断提高研究的战略性、科学性与实践性，更好地引领工程科技创新，聚力推动社会主义现代化强国建设。

“中国工程科技未来20年发展战略研究”

联合领导小组

2025年2月

前　　言

海洋是人类赖以生存的资源宝库，蕴藏着丰富的石油、天然气、水合物、生物资源、可再生能源等，是地球上最大的活跃碳库。开发海洋、利用海洋、保护海洋、经略海洋是事关人类生存和发展的重大战略，也是建设海洋强国的根本要求。党的十八大报告提出：“提高海洋资源开发能力，发展海洋经济，保护海洋生态环境，坚决维护国家海洋权益，建设海洋强国。”党的十九大作出“坚持陆海统筹，加快建设海洋强国”的战略部署。党的二十大报告提出：“发展海洋经济，保护海洋生态环境，加快建设海洋强国。”习近平主席2017年1月18日在联合国日内瓦总部的演讲《共同构建人类命运共同体》中提出：“要秉持和平、主权、普惠、共治原则，把深海、极地、外空、互联网等领域打造成各方合作的新疆域，而不是相互博弈的竞技场。”在以科技创新引领现代化产业体系建设、全球绿色能源低碳转型的大趋势和“双碳”目标引领下，海洋油气成为保障能源安全的重要增长极，海洋可再生资源是实现“双碳”目标最重要的接续之一，海洋碳封存具有巨大的潜力，做大做强海洋经济、建设海洋强国机遇与挑战并存。

近年来，聚焦海洋高质量发展战略，我国海洋科技创新能力稳步提升，海洋油气开发力度持续增强，海上风电等海洋可再生能源开发增长迅猛，大洋海底矿藏从资源探测向试验性开发转变，传统海洋产业稳步发展，初步形成“陆海产业融合、科技创新引领、绿色转型提升、产业集聚发展”的现代海洋产业发展新模式，我国海洋经济总体上保持增长态势，海洋产业结构不断优化。

海洋科技水平是衡量一个国家科技实力的重要标志，也是一个国家经济实力、国防实力、综合国力的重要体现。“深空”“深海”是人类对世界未知领域的新探索方向，也是科技进步和创新的前沿阵地。本书立足推动海洋油气、海上风电等可再生能源、大洋矿藏等海洋资源开发以及绿色低碳转型，保障能源安全，助力“双碳”目标，统筹海洋能源开发、海洋经济发展和海洋生态保护，在海洋行业新旧动能转换和低碳化、智能化、绿色化转型的关键时期，强化创新驱动，加快构建海洋能源资源绿色开发技术体系，推动现代海洋产业体系建设、海洋强国建设，加快发展新质生产力，扎实推进高质量发展。本书为“中国工程科技 2040 发展战略研究”项目研究成果，力求较为准确地把握世界海洋工程科技发展大势，研判可能产生的重大科技突破；综合分析经济社会发展、技术图景和发展需求，提出面向 2040 年的中国海洋工程科技发展战略目标、重点任务；从战略性、引领性和系统性的角度，选择关键技术、关键共性技术、颠覆性技术以及基础研究方向，凝练提出重大工程和重大工程科技项目建议，并绘制面向 2040 年的中国海洋领域工程科技发展路线图。

“科技强国”是海洋工程科技发展的使命，“更深、更广、更远”是海洋工程科技发展的主题。本书对海洋工程科技发展总体框架进行顶层论述，主旨鲜明地描绘出海洋领域的发展主题和重点任务，便于了解海洋领域未来的发展导向和技术重点；在绘制发展路线图时，强化了基础研究、关键技术与重点任务的对应关系，便于更深入地理解技术的应用目的和目标；统筹考虑技术推动和需求牵引的双向作用，突出了关键技术、关键共性技术、颠覆性技术以及基础研究方向的研究，符合党中央提出的“加强基础研究”“突出关键共性技术、前沿引领技术、现代工程技术和颠覆性技术创新”的要求。

本书依托“中国工程科技 2040 发展战略研究”项目，于 2021 年 5 月正式启动，历时两年，聚集了数十位长期在一线工作的院士、专家和优秀中青年技术人员，召开了 30 余次研讨会，并组织开展了两轮面向 2040 年的技术预见和需求专家调查，共有千余人次专家参调，共回收 5000 余份有效问卷。本书提出面向 2040 年海洋领域的关键技术、关键共性技术和颠覆性技术清单，12 项建议优先支持的基础研究方向，以及“海上能源综合开发示范工程”“全球智能空天地海一体化海洋信息组网工程”“海洋矿产资源绿色开发工程”“海洋环境全方位监测组网建设工程”“极地与大洋公海生物资源开发工程”“我国海洋专属经济区渔业绿色开发工程”6 个重大工程和“深水/超深水油气资源勘探开发技术”“海洋 CO_2 水合物固化封存技术”“深远海风电及综合海洋能源开发技术”“海洋天然气水合物多气合采技术”“海洋信息立体智能组网观测和精准服务应用技术”“海底原位观测、保真取样与室内仿真模拟一体化技术”“极地与大洋公海生物资源绿色可持续综合利用技术”“近海渔业绿色开发与产业全面提升技术”“我国专属经济区碳汇渔业开发技术”9个重大工程科技项目，明确了面向2040年的中国海洋工程科技海洋领域发展重点任务、发展途径和发展战略。

《中国工程科技2040发展战略·海洋领域报告》编委会

2025年2月

目　　录

第一章　面向 2040 年海洋领域世界工程科技发展态势

海洋科技水平是衡量一个国家科技实力的重要标志，也是一个国家经济实力、国防实力、综合国力的重要体现。当今世界，科技创新浪潮迭起，海洋领域科技发展逐渐成为推进科技进步的重要驱动力，海洋工程科技发展态势呈现出深海化、绿色化、智能化、信息化等显著特征，世界各国纷纷开展科技创新布局，这些趋势将共同推动海洋科技的发展，为海洋经济的繁荣和可持续发展注入新的动力。

第一节　海洋领域世界工程科技发展状况与国际先进水平

一、本领域世界各国正在开展的重大科技计划及其预期成果

（一）海洋能源开发

1. 综合大洋钻探计划

综合大洋钻探计划（Integrated Ocean Drilling Program，IODP）是一项通过研究海底沉积物和岩石来探索地球演变历史和结构的宏大研究计划，是 20 世纪中期以来地球科学领域规模最大、历时最久的国际合作计划。该计划于 2003 年开始实施，是深海钻探计划和大洋钻探计划的延续，钻探范围扩大到全球所有洋区，涉及的领域从地球科学扩大到生命科学，手段从钻探扩大到海底深部观测网和井下试验。科学家通过多种平台，打穿大洋壳，探索深部生物圈、环境变化、地球动

力学、地震机理、天然气水合物、极端气候变化的过程等。该计划以“地球系统科学”思想为指导，以多个钻探平台为主，查明深海海底资源，为国际学术界构筑起 21 世纪地球系统科学研究的平台，同时为深水/超深水、深层/超深层油气资源勘探开发等实际目标服务，在海洋油气资源勘探领域里发挥重要而独特的作用。通过该计划，可以更多地了解海底的秘密，发现天然气水合物及深海石油。该计划由美国和日本牵头，欧洲作为联合体加入，中国和韩国分别于 2004 年和 2006 年加入。我国已在南海先后展开了 3 次大洋钻探，揭示了南海形成机理与大西洋型被动陆缘并不相同，其初始扩张时间为 23.6—33 Ma，结束时间为 15—16 Ma（Li et al.，2015）；南海初始海侵时间为晚始新世，并具有从东向西、由南向北的推进过程。这些成果对深刻认识南海深水及深层油气勘探具有积极的指导作用。近年来，世界主要参与综合大洋钻探计划的国家的主要科学目标之一集中在深化板块理论、开展超大陆超大洋及地球动力学研究，寻找消失的超级大陆，重建及预测其演化周期及规律。

2. 巴西深水油气开采技术创新和开发计划

巴西是拉美地区最大的石油生产国，约 90%的储量位于海上，巴西盐下深水油气被认为是 2000 年以来世界上最大的石油发现。技术创新是巴西国家石油公司深水油气勘探开发成功的关键驱动因素。为了应对深水和盐下油气勘探开发的严峻挑战，巴西于 1986 年起实施了对其海上超深水技术发展起到关键作用的“深水开发技术能力计划”（Program for Technology Capacitation in Deepwater Exploitation，PROCAP），分三步走帮助巴西国家石油公司跻身全球少数几个拥有超深水勘探开发和工程作业管理能力的国家石油公司行列。第一步，PROCAP 1000 计划，形成 1000 m 水深的开发能力；第二步，PROCAP 2000 计划，形成 2000 m 水深的开发能力；第三步，PROCAP 3000 计划，形成 3000 m 水深的开发能力。专注核心领域是巴西国家石油公司在深水油气领域地位稳步提升的重要支撑。一是开发新技术，满足超深水盐下油气藏高效勘探开发的需要；二是重点关注新一代水下生产科技的开发和应用，通过发展革命性创新技术来彻底改变海上油田开发生产的方式，实现降本增效；三是研发实现本土化率最大化，为巴西工程业提供一个极具竞争力和可持续发展的环境。通过 PROCAP 计划，巴西国家石油公司成功获得 3000 m 水深的作业能力，成功降低超过 1000 m 水深的综合采油成本，成功实施井控、智能化油田等 17 个系统项目（王敏生等，2014）。

3. 天然气水合物多气合采和 CO_2 水合物固化封存技术

天然气水合物俗称“可燃冰”，是天然气和水在低温高压条件下形成的一种固体晶状物，是一种潜力巨大的资源。20 世纪 80 年代开始，全世界主要国家均开展了深入而广泛的研究，探索天然气水合物资源的开发方法。随着研究的不断深入，目前世界水合物研究进入了现场试采、技术验证新阶段。近年来，水合物研究主要国家（如美国、日本和中国）均制定了相对领先其他国家的水合物发展新计划：在 2030 年前后进行水合物规模开发试验性生产，力争早日实现天然气水合物资源的商业化利用。其中，美国的研究重点集中在陆上冻土带，中国和日本的研究重点区域则集中于海域。由于资源缺乏，日本特别重视天然气水合物的开发，制定了长期、分阶段的水合物发展计划。针对当前的研发状况和存在的问题，日本更新了 2019—2027 年发展路线图，将长期海域试采的时间后延数年。同时，海洋 CO_2 水合物多相态封存作为一个新的碳捕集、利用与封存（carbon capture，utilization and storage，CCUS）技术方向，目前已得到研究者的高度重视。

4. 海上风电发展科技计划

据美国国家可再生能源实验室（National Renewable Energy Laboratory，NREL）2022 年发布的《海上风电市场报告》，美国海上风电项目装机容量为 40 083 MW，同比增长 14%；美国商业规模的海上风电项目的能源成本有所下降，平均为 84 美元/（MW・h）。在国家促进海上风能利用的条件下，美国海上风能技术开发潜力超过 4200 GW。美国能源部（Department of Energy，DOE）水力技术办公室（Water Power Technologies Office，WPTO）致力于支持海上风电技术的研发和商业化。2021年4月，DOE发布了《海上风电商业化扩张路径》报告，并宣布投入4800万美元支持海上风电技术研发。该报告指出，预计到2050年，美国海上风电可提供超过100 GW的清洁发电能力。此外，DOE宣布了到2030年的海上风电目标，将部署30 GW海上风电机组，旨在推进美国海上风电行业发展，助力解决气候危机并创造就业机会（DOE，2021）。2022年发布的《英国能源安全战略》（British Energy Security Strategy）提出，到2030年英国海上风电装机容量的目标是从40 GW提高到50 GW。挪威海上风电相关计划提出，到2040年将开发30 GW海上风电装机容量，相当于挪威目前的总装机容量。2022年，丹麦、德国、比利时与荷兰的政府首脑在“北海峰会”上签署联合声明，承诺到2050年，将四国的海上风电装机容量增加近9倍，从目前的16 GW提高到150 GW；到2030年，海上风电装机容量将达到65 GW。中国在全球绿色浪潮驱动下，海上风电发展迅速，装机规模跃居世界第一。日本、韩国、越南等国近年来也加快布局，到2030年计划装机容量合计将超过25 GW。

（二）海洋与极地环境探测与装备

在现有观测技术和装备发展的基础上，国际上一些海洋强国已经相继开展并建立了一系列海洋环境综合观测系统。下面首先介绍世界范围内的海洋环境综合观测系统。

1. 全球海洋观测系统

全球海洋观测系统（Global Ocean Observing System，GOOS）是全球综合地球观测系统（Global Earth Observation System of Systems，GEOSS）的一部分，于1991年由联合国教科文组织政府间海洋学委员会（Intergovernmental Oceanographic Commission，IOC）、世界气象组

织（World Meteorological Organization，WMO）、联合国环境规划署（UN Environment Programme，UNEP）和国际科学理事会（International Council for Science，ICSU）共同发起成立，旨在建立一个对海洋和海洋变量进行观测、模拟和分析的永久性全球系统，以开展全球范围内针对气候变化、业务化海洋服务和海洋健康的研究和服务。目前已形成了由剖面漂流浮标、多种形式的锚系浮标和平台、海洋站、海洋高频雷达站、调查船、志愿船、水下滑翔器和动物遥测等多种观测手段组成的全球观测网络，并通过世界气象组织-政府间海洋学委员会海洋与海洋气象原位观测联合支持中心（The World Meteorological Organization-Intergovernmental Oceanographic Commission Joint Centre for Oceanography and Marine Meteorology in situ Observations Programmes Support，JCOMMOPS，后更名为 OceanOPS）进行观测平台和数据的整合与监控。截止到 2022 年 6 月，全球海洋观测系统在全球处于实时运行中的观测设备和平台总数超过 9000 个，保持了对全球海域的覆盖观测（韩林生和王祎，2022）。

2. 美国综合海洋观测系统及计划

美国综合海洋观测系统（Integrated Ocean Observing System，IOOS）的目的是建立一个完全综合的海洋观测系统，通过该系统增强对生态系统和气候的理解、保障海洋生物资源的持续利用、改善公共安全和健康、减少自然灾害和环境变化对人们的不良影响、强化对海上商业和运输活动的支持，从而使美国国家海洋和大气管理局（National Oceanic and Atmospheric Administration，NOAA）及其合作伙伴更好地服务于国民经济建设。与此同时，美国还在大力发展深海大洋监测，由美国伍兹霍尔海洋研究所（Woods Hole Oceanographic Institution）主持，联合海洋观测倡议（Ocean Observatories Initiative，OOI）项目组织实施海洋观测网系统研发，致力于对海底至海表的生物、化学、物理和地质过程的全面观测。该系统总共涵盖 1 个有缆观测阵列、2 个近岸观测阵列和 4 个全球观测阵列，集成实时潜标、实时浮标等锚系固定平台和水下滑翔机、自治式潜水器（autonomous underwater vehicle，AUV）等移动平台。通过使用水下机器人、光电复合缆等特定的观测仪器将先进的工程技术连接到复杂的“海底观测系统”（Subsea Observation System）中，最终提供高分辨率、长期连续、实时化的海洋环境监测数据（李风华等，2019）。

3. 欧洲哥白尼计划

哥白尼计划（Copernicus Programme）原名为“全球环境与安全监测”（Global Monitoring for Environment and Security，GMES）计划，是由欧洲委员会（Council of Europe）和欧洲空间局（European Space Agency，ESA）联合倡议，于 2003 年正式启动的一项重大航天发展计划，2012 年更名为哥白尼计划。该计划的主要目标是通过对欧洲及非欧洲国家现有和未来发射的卫星数据及现场观测数据进行协调管理和集成，实现环境与安全的实时动态监测，为决策者提供数据，以帮助他们制定环境法案，或是对诸如自然灾害和人道主义危机等紧急状况作出反应，保证欧洲的可持续发展和提升国际竞争力。哥白尼计划先后发射若干个对地观测卫星组，包括“哨兵”系列卫星，通过这些卫星组成集群时刻监视地球的环境状态，提供全球范围近实时的卫星遥感数据来满足用户的需求，用于监测海洋、陆地、污染、水质、森林、空气等的状况和变化，应对污染和石油泄漏、洪水和森林火灾危机、地陷和山崩危机等突发事件。

4. 澳大利亚综合海洋观测系统

此外，其他各沿海发达国家也都十分重视海洋环境观测系统的完善与技术的发展。澳大利亚综合海洋观测系统（Integrated Marine Observing System，IMOS）自 2006 年建立以来，持续发展并扩展其海洋监测设施。IMOS 现在不仅包括滑翔机子系统，还涵盖了更多的技术和设备，以实现更全面的海洋环境监测。滑翔机子系统已经部署了超过 180 台斯洛克姆滑翔者（Slocum glider）自主式滑行潜航器和 40 台自主水下航行器 SeaGlider，执行观测任务超过 225 次，为澳大利亚海岸的边界洋流分析提供了大量可靠的数据支持（毛柳伟等，2020；屈新雨和王征，2023）。同时，澳大利亚海洋数据网（Australian Ocean Data Network，AODN）作为 IMOS 的数据管理和分发平台，已经整合了 IMOS 系统和其他数据源，建立了一个统一、直观、易于使用的信息基础设施平台。AODN 遵循国际标准和协议进行数据/元数据格式化、发现和共享，支持包括研究人员、数据科学家、政府工作人员和行业相关人员在内的多样化用户群体。澳大利亚 2021 年发布的《综合海洋观测系统 2030 年战略》（IMOS Strategy 2030），提出了强化观测数据对政策支撑的作用、增强对气候灾害的影响认识、最大限度与全球伙伴共享观测数据等任务，并对应列出了增强海洋建模及预报服务、谋求印太地区海洋观测领域的领导地位、简化使用者对预测数据的获取方式等具体目标。

5. Argo 全球海洋观测网

如今海洋立体观测体系依赖于卫星遥感观测、潜标浮标固定观测和 Argo 漂流浮标移动观测。

Argo 计划（Array for Real-Time Geostrophic Oceanography）通俗称“Argo 全球海洋观测网”，是由美国等国家的大气、海洋科学家于 1998 年推出的一个全球海洋观测试验项目，构想用 3 — 4 年（2000—2003 年）时间在全球大洋中每隔 300 km 布放一个卫星跟踪浮标，总计为 3000 个，组成一个庞大的 Argo 全球海洋观测网（赵熙熙，2016）。根据《OneArgo 观测网浮标每月状态报告（12/23）》，截止到 2023 年 11 月底，全球海洋内部共漂浮着 3854 个 Argo 浮标，旨在快速、准确、大范围地收集全球海洋上层的海水温、盐度剖面资料，以提高气候预报的精度，有效防御全球日益严重的气候灾害给人类造成的威胁，被誉为“海洋观测手段的一场革命”。这个测量网络不仅将提供对厄尔尼诺-南方涛动（El Niño-Southern Oscillation，ENSO）系统的更多了解，还将极大地提高我们对其他气候异常（例如影响北极和南极、太平洋年代际涛动和北大西洋的气候异常）的了解。总体而言，世界海洋发达国家相继建立了由岸基、海基、空基、海底和遥感等平台组成的长期连续、站点密集、要素齐全、实时更新的海洋立体综合观测网络。

总体而言，国际上已经有相对较成熟的全球计划框架（全球海洋观测系统），世界海洋发达国家相继建立了由岸基、海基、空基、海底和遥感等平台组成的长期连续、站点密集、要素齐全、实时更新的海洋立体综合观测网络。同时，我国也开展了建设国家综合海洋观测网的规划。近年来，为实现海洋强国的建设，中国的海洋监测技术和体系都在飞快地进步和完善。2018年中国海洋一号C卫星、二号B卫星及中法海洋卫星相继研发和发射成功，组建了中国首个海洋民用业务卫星星座。在国家重大专项支持下，形成了涵盖海洋调查船、浮标潜标、锚泊浮台、卫星等的海洋立体观测体系，积累了丰富的海洋资料和信息。通过对海洋进行大数据分析，提供如海上溢油监测分析、赤潮暴发危机指数、固碳能力等指标，为海洋资源的绿色开发、海洋渔业发展等提供了智慧的海洋信息服务。从长远来看，面向海洋活动需求，以海洋信息服务为中心的多平台组成的自适应海洋环境立体观测网络是今后的重要发展方向。

（三）海底矿产资源勘查与开发

1. 欧洲海底资源环境友好型采矿计划

由欧洲创新与技术研究院（European Institute of Innovation and Technology，EIT）资助的“蓝色收割”（Blue Harvesting）项目于2019年4月1日开始，至2022年12月31日结束。该项目由9个欧洲合作伙伴组成，主要目标是在深海作业环境中设计、建造和测试水力结核收集器，同时将其对环境的影响降到最低。

欧洲“采矿影响”（Mining Impact）项目由“欧盟海洋联合计划倡

议”（JPI Oceans）资助，分两个阶段，第一阶段为2015—2017年，第二阶段为2018—2022年。项目第一阶段旨在通过将受干扰的地点与邻近的未受干扰地点进行比较，从生态系统状况和该地区的生物地球化学状况的角度评估“扰动和再迁入实验”（DIS-turbance and re-COL-onization experiment，DISCOL）项目实验区的恢复情况。此外，第一阶段测试了一系列现代评估方法和监测技术，以确定生态系统状况，并增进对人为干扰前后深海环境的空间尺度和自然动态的了解。这些方法在两个截然不同的环境和结核类型区域［东北太平洋的克拉里昂-克利帕顿断裂带（Clarion-Clipperton Zone，CCZ）和秘鲁盆地］进行了测试。项目第二阶段把之前的工作扩展到深海采矿的三个主要研究方向：①悬浮的沉积物羽流造成的更大规模的环境影响；②物种的区域连通性和生物群落的生物多样性及其对影响的复原力；③对生态系统功能的综合影响，如底栖食物网和生物地球化学过程。

2. 日本战略性海底资源开采项目

战略性创新创造项目（Strategic Innovation Promotion Program，SIP）是由内阁府直接负责，在日本综合科学技术创新会议（Council for Science, Technology and Innovation，CSTI）的引导下，越过府省、领域的条块而建立的跨越省厅及学科、产业领域的横向联合型项目，从基础研究到应用和商业化，以大力推进有助于社会飞跃性改变的科技创新。SIP没有设定特定的实施时间，一般预定为五年。对于SIP的实施，在综合科学技术创新会议制定的方针下，重点列入内阁府的“科学技术创新创造推进费”，各课题的经费额度由综合科学技术创新会议决定。日本国立研究开发法人海洋研究开发机构（Japan Agency for Marine-Earth Science and Technology，JAMSTEC）网站公开资料显示，在2017年第1期SIP海洋课题“下一代海洋资源调查技术”中，以多金属硫化物矿床、富钴结壳和富硒土为对象开始研究开发，第3年开始主要研究水深2000 m以浅的潜在多金属硫化物矿床的开发。2018年第2期SIP新增的深海资源研究技术课题包括调查分析稀土泥等海洋矿产的资源量、开发超过2000 m以深的深海资源调查技术和生产技术，完成深海资源调查和开发系统的示范。2018年第3期海洋基本计划强调了政府一体化的措施，提出促进海洋矿物资源的开发和利用，从深海海底开采矿物资源并确立高效扬矿技术。2019年革新的深海资源调查技术主要目标是着手海洋稀土矿物的技术开发，率先确立开采技术（于莹和刘大海，2019）。

3. 深海生态环境调查保护计划

鉴于深海生态系统及生物多样性保护的重要性，2008年荷兰皇家海洋研究所（Royal Netherlands Institute for Sea Research，NIOZ）将远海海洋工程、深海生态系统功能复杂性等作为后续研究重点。2008年11月，欧洲科学基金会秘书处海洋部发布了《未来展望——新行动战略分析》（Future Looks—Strategic Analyses for New Activities）报告。该报告从国家和欧洲优先研究、区域优先研究两个方面阐述了欧洲海洋研究的重点，涉及海洋生态系统研究的八个方面，其中包括深海生态系统的保护（张志强，2011）。日本则将海洋生物多样性研究、深海与地壳生物圈研究、海洋环境与生物圈变迁过程研究定为现阶段的主要研究内容（陈春等，2016）。美国国家海洋和大气管理局、美国地质调查局（United States Geological Survey，USGS）和美国海洋能源管理局（Bureau of Ocean Energy Management，BOEM）于2011年共同发起了“中大西洋峡谷深水考察”（Deep-water Mid-Atlantic Canyons Exploration）计划，美国和欧洲地区的多个研究机构参与其中，主要对美国东海岸大陆架海底峡谷的生物种群进行调查研究。该计划通过生物、生态、地质、海洋学的综合调查，研究深海冷泉生态系统的种群结构、分类、发育生物学、物种间的遗传联系、共生微生物与食物链、生态系统的物理、化学、地质条件等（Ross et al.，2011）。2013年，由美国国家科学基金会（National Science Foundation，NSF）资助，美国、英国、新西兰三方合作开展海斗深渊生态系统研究（Hadal Ecosystem Study）计划，进一步提高了对超深渊生态系统的认知（Xu et al.，2018）。2019 年，欧盟牵头并联合大西洋两岸美国、加拿大、巴西等多个国家启动了“大西洋海洋生态系统时空变化综合评估”国际合作项目，该项目使用深海潜水器、高分辨率视像装备和最新的分子生物学技术对深海生态系统和深海环境变化问题开展研究。

除了上述这些以直接获取科学数据和新认知为目标的大型科学计划之外，欧盟还高度重视将最新的科学研究成果直接用于支持国际海洋政策制定等方面。例如，2019 年欧盟启动了大西洋区域环境管理计划（Atlantic Regional Environmental Management Plan）项目。该项目由海景顾问公司（Seascape Consultants Ltd）领导，并与国际海底管理局（International Seabed Authority，ISA）秘书处密切合作，支持国际海底管理局的大西洋区域环境管理计划制订工作。该项目直接支撑了 2019—2020 年的三次会议，其中第三次会议上发布了项目组编制的区域环境评估（Regional Environmental Assessment，REA）和数据报告，并提出了划区管理方案。该计划相当成功。截止到 2023 年，大西洋区域环境管理计划草案已经完成，并交付国际海底管理局理事会审查。此外，该项目还在《海洋科学前沿》（*Frontiers in Marine Science*）上组织了专刊，鼓励全世界科学家发表关于北大西洋中脊的科学研究数据。

4. 海洋资源开发作业装备计划

世界主要海洋国家针对海洋资源开发装备的研发均推出了相关计划。2013 年 2 月，欧盟在多方合作的基础上，推出了 LeaderSHIP 2020 海事科技发展政策，并首次提出“欧洲海事科技产业”的概念。该政策涉及的技术领域包括船海新型材料、矿产资源开采系统、自适应海工锚泊系统、先进铺管/布缆系统、先进海洋风电场设计等。日本政府制定了面向 21 世纪的“海洋开发推进计划”，提出加速海洋开发和提高国际竞争力的基本战略，促使日本在深海技术设备方面取得了许多突破性进展。例如，水下技术处于世界领先水平，主要开发了深海取样设备、水中释放器、水下传感器、水下电机等深海矿产资源开采先进产品。2009 年初，韩国知识经济部［今贸易、工业和能源部（Ministry of Trade，Industry and Energy，MOTIE）］公布了《海底矿物资源开发基本计划》，这是韩国自颁布《海底矿物资源开发法》以来制定并公布的第一个具体推进国内深海大陆架开发项目的综合计划。该计划的实施时间是 2009—2018 年，其主要目的是促进韩国所属大陆架资源的有效合理开发，同时推动韩国深海矿产资源开发装备的研发（国家海洋战略与权益研究基地，2015）。2012 年韩国政府公布的“海洋工程装备产业发展方案”中，明确将海洋工程项目列入国家重大工程发展之列，并提供专项资金用于海洋油气工程设备等的研制，以及这些海上工程设备制造技术的开发（顾金俊，2012）。比利时全球海洋矿物资源有限公司（Global Sea Mineral Resources，GSR）集矿车开发计划始于 2015 年。2017 年，该公司首次测试了一种用于在深海底收集结核的履带式机器人，称为帕塔尼亚 I 号（Patania Ⅰ）。利用从第一次测试中得到的经验，GSR 设计并制造了帕塔尼亚 II 号（Patania Ⅱ），2021 年 4 月帕塔尼亚 Ⅱ 号在克拉里昂-克利帕顿断裂带进行了测试。帕塔尼亚 Ⅱ 号试验的所有研究数据、结果和经验教训将被纳入环境影响评价（environment impact assessment，EIA），最终将形成环境影响研究（environment impact study，EIS）。下一阶段将开发用于商业规模的结核收集器帕塔尼亚 III 号（Patania Ⅲ）原型。

5. 印度洋多金属硫化物勘探计划

德国在执行的印度洋多金属硫化物勘探计划项目主要是对印度洋公海中富含金属的黑烟囱进行勘探，以期获得该地区的铜、金以及铅锌等重要金属的分布信息。主要应用的技术是可控源电磁法（controlled-source electromagnetic method）、磁法、侧向扫描，以及一种装有可以同时探测硫化物位置和海洋环境信息传感器的新型拖曳式探测仪。

总体而言，目前世界各国正在积极开展海洋及海底矿产资源勘查及开发，以国家投入为主，具有计划周期长、资金雄厚、注重技术创新储备和国际交流合作等特点，建立成本低、效率高、扰动少的商业勘查及开发模式是世界各国工程技术创新的主要目标，铜、钴、镍、锌、锰、金、银、钛、锆、稀土等是海洋及海底资源勘查开发关注的主要金属矿产。此外，各国又根据自己的实际情况，制定相应的科学目标，有的更关注资源问题（如日本、印度等），有的更关注环境效应（如英国、德国等）。

（四）海洋生物资源探查及开发

1. 海洋遗传资源与产物资源开发利用

在海洋生物酶研发方面，美国启动了“极端环境生命”（Life in Extreme Environments，LExEn）计划，欧盟启动了“冷酶”（Cold Enzyme）计划、“极端细胞工厂”（Extremophiles as Cell Factory）计划和“地平线2020”（Horizon 2020）计划，德国启动了“生物催化2021”（Biocatalysis 2021）计划，日本启动了“深海之星”（Deep-star）计划等，我国863计划启动了“海洋生物功能蛋白高效发掘与产品开发”项目。另外，一些国际知名的医药企业或生物技术公司纷纷投身于海洋生物酶制剂的研发和生产，企业在海洋生物酶开发方面的主体意识不断增强，积极建设配套完善的研发平台和应用技术链，不断提升研究和产业的整体技术水平与综合创新能力。预计海洋生物酶的规模化开发将为生物催化和转化的生物制造产业带来深远影响。在海洋微生物领域，美国、日本、德国、法国等海洋强国纷纷投入巨大的人力物力，开展了系统深入的研究，分别推出了“海洋微生物专项”“海洋微生物工程”等，投入巨资发展海洋微生物技术。

海洋生物医用材料（如寡糖）、组织修复医用材料、医用甲壳质纤维、人工骨骼等产业正在崛起，均具有巨大的市场开发潜力。世界各国也相继开展利用廉价生物质生产医用材料、高附加值精细化学品、化工醇等大宗化学品、海藻生物燃料等重大科技计划。预计海洋生物工程技术将在医疗、食品、化妆品、纺织、农业、环保等领域得到更广泛的应用。海洋生物功能基因的开发在各国海洋科技战略部署中均被列为重点任务。功能基因将在农业、医药、能源与环境等领域得到应用，为海洋生物资源的可持续利用带来新希望，并将驱动新的海洋生物产业的建立。我国通过部署并实施 863 计划等科研项目，在海洋生物重要功能基因开发、功能基因工程产品开发等方面也取得显著进展。

2. 海洋生物群体资源绿色开发利用

当前，国际海洋渔业资源开发领域呈现高度强调可持续发展的趋势。同时，各海洋强国对海洋生物群体资源的争夺也日趋激烈，结合空间技术、海洋装备技术、信息技术的发展，以资源立体探查、信息化发展、高效开发、综合高值利用为特点的海洋生物资源开发利用工程技术也得到高度重视。主要海洋强国通过对大洋公海、极地海洋开展的综合科考、生态监测与分析，强化其全球性的海洋生态环境保护策略与国际管理体系，强化国家管辖范围外海域海洋生物资源多样性保护，加强对大洋公海与极地渔业资源开发利用的管理与掌控。

海洋渔业强国在高经济价值的金枪鱼、犬齿南极鱼等渔业种类的监测评估上具有数据、研究积累优势，实施门槛较高的生态系统管理方法，维护其在此类资源开发利用上的有利地位；对于南极磷虾、中层鱼类等具有战略性的大宗渔业资源，通过不同层面的国际合作开展调查评估与监测计划，推动前置的生态友好管理措施，实现对资源的保护与掌控。

（五）海水资源和海洋能综合利用

1. 海水资源综合利用

海水资源综合利用主要包括海水淡化、海水直接利用和海水化学元素利用三个方面。当前，一些国家正在大力开展海水淡化和膜法水处理技术重大科技计划项目研究，希望在海水淡化核心技术方面取得突破性进展，在保障国内水资源安全的同时，保持海水淡化市场较高的占有率。

1）阿联酋阿布扎比塔维勒海水淡化项目

阿联酋阿布扎比塔维勒海水淡化项目是全球在建最大的反渗透（reverse osmosis，RO）式海水淡化项目，是保证当地居民用水和生活发展的重要民生工程。项目日产水量90万m^3，全年可产水3.24亿m^3，可满足近100万人全年用水需求，已于2024年3月6日完成30天全厂可靠性运行测试（管克江，2024）。为了达到民用的饮用水标准，该项目配置了两套海水淡化系统。通过取水系统的水泵抽取后，海水进入预处理系统，去除络合物和杂质，防止细菌、藻类以及微生物的生长。海水只有在浊度降低到一定水平之后，才能进入反渗透模块，利用具有高脱盐率、高耐腐蚀性、耐高压、耐污染特点的反渗透膜，在特种高压下去除海水中所有的离子。至此，海水的含盐率已被大幅度降低。为了达到饮用的标准，脱盐后的海水还要进入矿化池添加一些矿物质。在整个过程中，其最大的特点就是环保。其一，该项目做到了节能。无论是蒸馏还是反渗透，海水淡化都需要大量电力的支持，尽管反渗透技术消耗的电力更少，但也是一个不小的数字。而阿布扎比塔维勒海水淡化项目在厂区的空地位置配套了光伏补偿系统，以光伏发电作为减少电力消耗的补偿措施。同样，作为核心部件的膜元件也可以通过清洗做到反复使用，避免了浪费。其二，该项目做到了无污染排放。提取淡水后的液体主要是浓盐水，可以直接排放进海洋中，不会造成污染；产生的少量废水也可通过简单处理达到排放的条件。

2）阿联酋乌姆盖万海水淡化项目

阿联酋乌姆盖万150 MIGD[①]海水淡化项目是世界五大海水淡化工程之一、全球第二大膜法海水淡化项目，采用先进的“膜法”海水淡化工艺，是“2036阿联酋水安全战略”重要工程之一、阿联酋重点民生工程。项目首条生产线于2021年12月13日投入商运，第二条生产线于2022年4月1日投入商运。项目充分利用当地丰富的海水资源，

① MIGD表示“百万加仑每日”（million gallons per day），1 gal（UK）= 4.546 09 L。

采用技术先进、成本低的“反渗透膜法”海水淡化工艺，相比普通海水淡化方式降低了 20%的电力消耗，是世界领先的绿色节能环保工程。海水淡化时所采用的反渗透膜，是一种能溶解并分离盐类分子的薄膜，薄膜两侧分别为高浓度海水和淡水，膜间产生较高的渗透压。当在海水一侧施加高于这个渗透压的反向压力时，淡水就会从海水中反向渗透出来，海水就变成了淡水，实现制水目标。“反渗透膜法”工艺具有技术成熟、工作效率高、运营能耗低和后期维护方便的特点，让海水淡化全过程对环境无影响、零污染。项目建成后，3 条生产线在满负荷运行状态下每天可产水量达 68.2 万 t，通过市政管网向阿联酋百万居民提供优质清洁用水，对于改善当地民生具有重要意义（中国能源建设集团有限公司，2022）。

3）沙特海水淡化项目

沙特是世界最大海水淡化国。沙特拉比格三期海水淡化项目，是沙特规模最大的单体反渗透海水淡化项目，该项目于 2021 年 12 月正式投运，采用海水反渗透（seawater reverse osmosis，SWRO）脱盐技术，日产水量 60 万 m^3，每天可向吉达、麦加等沙特主要城市 200 多万户居民和朝圣者提供基本生活用水，是沙特当地重要的民生工程。

4）埃及绿色能源海水淡化项目

埃及政府计划到 2025 年投资 25 亿美元，新建 17 座由可再生能源驱动的海水淡化厂，以缓解饮用水短缺问题。新建的海水淡化厂将由太阳能和其他绿色能源驱动，埃及主权基金将与当地及外国投资者合作建造运营，届时可实现每天生产 280 万 m^3 淡化水的目标。该项目将受益于埃及在开发可再生能源方面的成本优势，还将借助绿色融资进一步降低成本。目前，埃及正加大力度开发太阳能、风能、氢能等可再生能源项目，在 2022 年可再生能源发电量占比提高到 20%，到 2035 年这一比例将再提高一倍以上。

5）深层海水开发利用

世界上开发利用深层海水的国家主要有美国、日本、韩国等。美国是最早开发利用深层海水的国家，初期主要是海洋温差发电，经过几十年的发展，目前，美国在深层海水方面的研究成果涉及农业、水产、食品、工业冷却及海水空调等多个领域。日本是深层海水产业化发展最成功的国家，也由最初采用深层海水进行脱盐、制取饮用水开始，后来逐渐扩大到利用深层海水高纯度特性制造饮料、食品、化妆品以及用于健康医疗和深海水产种苗的培育等，呈现多元化的特点。高知县、富山县和冲绳县是日本深层海水利用发展最为成功的几个县。韩国通过政府机构（韩国水资源公社，K-water）开展了深层海水开发的研究工作，并制定了相关的法律和发展规划，以推动深层海水产业化。

2. 海洋能综合利用

1）欧盟海洋能计划

欧盟在海洋能领域无论是资源量、技术水平，还是产业规模都居于领先地位。2021—2025 年，欧盟将投资约 10 亿欧元推进海洋能技术发展并大幅降低成本。其中，投入 1500 万欧元进行海岸线、海上固定式及海上浮动式波浪能转换器和潮流能转换器示范实验，预计将部署 10 个大型项目和 10 个中型项目；投入 3500 万欧元对波浪能和潮流能发电进行长期试点示范，预计将部署 7 个试点项目；投入 6000 万欧元用于动力输出装置及控制系统的改进和示范；投入 2500 万欧元，验证其他海洋应用中的耐腐蚀和重载荷的材料及涂层在海洋能设备中的可用性，预计将部署少量中等规模和 5 个小规模试点项目；投入 4500 万欧元，开发新波浪能概念，大幅改进能量捕获和转换装置等关键设备的性能，预计将部署 5 个中等规模和 10 个小规模试点项目；投入 5500 万欧元，改进潮流能装置的叶片和转子以提高效率和可靠性，预计将部署少量大规模和 5 个中等规模试点项目；投入 2000 万欧元，用于海洋温差发电、海水空调、盐差能、潮差能等技术研发，预计将部署少量中等规模试点项目。到 2030 年，欧盟潮流能的装机容量将达到

2.2 GW，波浪能装机容量达到423 MW；到2050年，欧盟潮流能和波浪能的装机容量将达到100 GW，每年可为9400万户家庭供电。

2）美国“海洋及水动力”计划

美国能源部水力技术办公室的“海洋及水动力”计划支持开展海洋能研发、测试、评估、示范等项目，通过“海洋和水动力可再生能源项目”专项资金提供支持，促进海洋能研发及基础设施建设。此外，还设立了“驱动蓝色经济”计划，到2020年累计支持了85个海洋能项目；设立“海洋观测奖”（240万美元）和“波浪能海水淡化奖”（330万美元），支持海洋能技术创新；启动TEAMER项目（U.S. Testing Expertise and Access to Marine Energy Research Program），投入1000万美元资金，为海洋能项目提供美国一流的测试基础设施及专业技术指导。根据美国国家水电协会（National Hydropower Association，NHA）发布的《海洋能展望》（Marine Energy Priorities，MEP），预计2030年美国商业化应用的海洋能装机容量将达到500 MW，到2035年达到1 GW。

3）英国海洋能计划

英国对不同阶段的海洋能研发及应用采取不同的资金支持方式：通过“研究理事会能源计划”（Research Councils Energy Programme，RCEP）为海洋能基础应用研究提供支持；通过“创新英国”（Innovate UK）为中型研发计划提供支持；通过能源技术研究所（Energy Technologies Institute，ETI）为整机系统提供支持；通过“碳信托基金”（Carbon Trust）及“海洋可再生能源示范基金”（Marine Renewables Proving Fund，MRPF）为预商业化应用提供支持。此外，还通过海洋能源阵列示范项目（Marine Energy Array Demonstrator scheme，MEAD）为“梅根”（MeyGen）潮流能发电项目提供了1000万英镑支持。“苏格兰波浪能计划”（Wave Energy Scotland，WES）向4个波浪能项目提供了140万英镑的资助。英国前首相鲍里斯提出的“绿色工业革命十点计划”预计到2030年英国海上风电规划装机容量达到40 GW。

4）海洋能发展科技计划

国际能源署海洋能源系统（International Energy Agency's Ocean Energy Systems，IEA-OES）和国际电工委员会（International Electro-technical Commission，IEC）联合发布了《支持海洋能技术发展及产业化》（Supporting Ocean Energy Technology Development and Commercia-lisation，SOETDC）报告，旨在阐明 IEA-OES 海洋能技术框架、IEC 技术规范和标准、国际标准化组织（International Standardization Organi-zation，ISO）/IEC 认证机构和测试实验室以及国际电工委员会可再生能源设备认证互认体系（IEC System for Certification to Standards Relating to Equipment for Use in Renewable Energy Application，IECRE）在海洋能项目中的指导作用，IEA-OES、IEC、ISO/IEC 和 IECRE 将开展合作，通过四个不同导则相互融合及补充，制定出配套海洋能项目开发流程的指导文件，为海洋能技术开发提供支持，以加速产业化发展。欧洲海洋能行业在 2021 年仍取得显著进展，潮流能和波浪能新增装机容量均较 2020 年大幅增长，恢复至 2019 年水平。多个国家宣布开发新的海洋能发电场项目。英国、西班牙等国出台多项政策促进海洋能产业发展。2021 年，欧洲潮流能新增装机容量 2200 kW，相较 2020 年新增装机容量（260 kW）增长 746%。自 2010 年以来，欧洲潮流能累计布放了 30 200 kW 机组，有 11 500 kW 机组在持续发电。截至 2021 年底，欧洲潮流能累计发电量达到 6800 万 kW・h，在全球遥遥领先，2021 年发电量约 800 万 kW・h，相较 2020 年下降约 30%，主要是因为英国“梅根”潮流能发电项目工程（装机 6000 kW）在连续运行 3 年后，对现有 4 台机组中的 3 台进行了回收维护（Ocean Energy Europe，2022）。

（六）海洋环境安全保障

如今，许多国家已经越来越意识到海洋能源、资源环保安全开发技术对海洋可持续发展的重要性，国际上已相继开展了一系列重大科技计划。

1. 美国能源部甲烷水合物计划

美国能源部2015年在化石能源甲烷水合物计划（Fossil Energy's Methane Hydrate Program）中确定了一些在2030年前要实现的长期目标。其中一个重要目标就是研究和记录天然气水合物在全球环境中的作用，包括其在长期碳循环和近期气候变化中的作用，为天然气水合物开发做环境安全评估。

美国甲烷水合物咨询委员会（Methane Hydrate Advisory Committee，MHAC）在2020年编写的《甲烷水合物科学报告》（Science Report on Methane Hydrates）中明确定义了关键的能源研究需求，针对2020—2035年甲烷水合物开发的长期规划提出了研究建议，其中包括评估甲烷水合物生产对环境的影响、开发安全环保的水合物开采技术等。

2. 日本甲烷水合物开发计划

日本经济产业省（Ministry of Economy，Trade and Industry，METI）于2001年启动了“日本甲烷水合物开发计划”。该计划共分为三个阶段：第一阶段（2001—2008财年）开展了针对勘探、基本特性和实验室调查的基础研究与开发，选择甲烷水合物资源区并估算其资源量，通过陆上试验证实生产方案；第二阶段（2009—2015财年）开展了针对生产和环境影响评价的基础研究与开发，通过近海试采证实生产方法；第三阶段（2016—2018财年）开发用于商业生产的技术，从经济和环境的角度开展详细的评价（张炜等，2016）。

3. 欧盟《“蓝色经济”创新计划》

2014年5月8日，欧盟委员会推出了《“蓝色经济”创新计划》。该计划秉承了《蓝色增长战略》提出的促进海洋资源可持续开发利用、推动经济增长和扩大就业的目的，其中可持续便要求开发的安全性和环保性。2016年11月，欧盟公布了《欧洲海洋能源战略路线图》，为解决欧洲能源体系面临的挑战提供了解决方案。

4. 美国海洋能源商业化战略

随着海洋能源处于显著增长的风口浪尖，美国国家水电协会在2020年公布了新的海洋能装机发展目标，即2025年达到50 MW，2030年达到500 MW，2035年达到1 GW。在《海洋能产业化战略报告》（Strategic Report on the Industrialization of Ocean Energy）中，该行业呼吁美国联邦政府通过增加研发的财政支持、降低市场壁垒和为技术部署创造财政激励来加速海洋能源技术（波浪、潮汐、洋流、海洋热能和河流）的商业化和安全化。

5. 欧盟“欧洲海洋、渔业和水产养殖基金”和《海洋空间规划指令》

在2021年，欧盟委员会启动了“欧洲海洋、渔业和水产养殖基金”（European Maritime，Fisheries and Aquaculture Fund，EMFAF），其目标在于实现可持续渔业和保护海洋生物资源，以保证粮食供应、海洋经济的竞争力和沿海地区的生活符合社会经济利益。该计划还有助于实现联合国可持续发展目标，通过供应海产品保障沿海地区粮食安全，保持可持续蓝色经济的增长，构建健康、安全和可持续管理的海洋环境。

欧盟委员会在2021年《海洋空间规划指令》中提出一项养护渔业资源和保护海洋生态系统的新行动计划。该行动计划将采取必要措施限制使用对生物多样性最有害的渔具，包括在海底使用的渔具，并将研究如何平衡渔具的使用与如何保持生物多样性。《海洋空间规划指令》还指出海上可再生能源只有在不对环境以及经济、社会和领土凝聚力产生不利影响的情况下才具有可持续性。

6. 美国国家海洋科技发展计划

美国国家科学技术委员会（National Science and Technology Council，NSTC）于2018年发布《美国国家海洋科技发展：未来十年愿景》

（Science and Technology for America’s Oceans：A Decadal Vision）报告。该报告强调要以加强现代化的基础设施研发为发展目标之一。研究基础设施对国家在海洋科学方面的引领作用至关重要，并且在每个领域都发挥着重要的基础性作用。海洋研究所需的基础设施包括船舶、潜水器、卫星、雷达、电缆和浮标等。在陆基设施方面，支持部署海洋高性能计算与通信网络接收、分析、管理的数据平台。在海洋安全领域，以提高海洋开发的感知能力为发展目标。海洋领域的开发和安全需要对海洋及其不断变化情况进行持续、近实时的监测。各种传感能力的快速提升可用于海洋科学和其他重要目的，包括海洋开发、环境保护和安全事务等。

二、本领域工程科技发展状况与国际先进水平

（一）海洋能源开发

1. 深水/超深水、深层/超深层油气勘探技术

近年来，随着深水/超深水、深层/超深层油气勘探工作量不断攀升，国内外在地震采集、地球物理处理、测录井技术等方面都有了进一步发展，为深水/超深水、深层/超深层复杂构造油气藏勘探提供了重要技术支撑。海上宽频采集主要通过采集方式的改变来实现，海上地震资料由于受各种多次波干扰严重，采集和处理一体化压制“鬼波”技术成为近年来海上竞相发展的方向。目前具备更宽方位信息的海底节点（Ocean Bottom Node，OBN）采集逐渐成为国外海上采集的首选。提高深水/超深水、深层/超深层地震资料信噪比、分辨率以及偏移成像精度是资料处理的核心问题。为了减少噪声压制过程中有效信号的损失，国际上已研发了纵横波联合噪声压制及人工智能噪声压制等技术。针对深部低孔渗储层及复杂岩性储层，国内外主要从测井新技术的应用及多技术组合评价等方面开展研究。近年来伴随着国内外多种新技术的推广应用，国内外综合录井技术已得到了极大发展，为深水、深层复杂地质条

件下的钻录信息采集、含油气性检测与快速评价、储层识别与地质剖面建立、工程安全监控等提供了重要技术支撑。

2. 海上油气开发技术

目前全球近海油田开发已趋于成熟，常规砂岩油气田综合加密调整、深水勘探开发一体化、稠油规模化热采、低渗及非常规地质工程一体化、“双高”（高含水、高采出程度）油田化学驱提高采收率基础理论和开发技术体系趋向成熟。攻关重点正向深水、深层、低品质油气田有效开发及提高采收率方向发展，尤其是深水、深层成为海上油气资源开发最具潜力的发展方向。2022 年，我国首次实现了海上稠油规模化热采，成为世界唯一实现海上稠油热采的国家。目前，国内外稠油开发领域主要探索井下热力发生、地层原位改制、热复合开发等前沿技术。在深水领域，国际一流能源公司已实现了 3000 m 深水油气田高效开发，形成了相对成熟的工业体系。在深层领域国内外主要探索复杂结构井、注气开发等技术，推动海上深层油藏的经济有效开发。

3. 海上油气钻采技术

在深水和高温高压钻井方面，全球深水钻井最大作业水深超过 3400 m，随着钻遇地层压力和温度的不断提高及作业数量的增多，相应工具和配套工艺不断完善，斯伦贝谢公司的 PowerDrive ICE 抗高温旋转导向工具可以持续在 200 ℃的高温环境中工作，雪佛龙公司与威德福公司共同研制出一种极限热波工具，在帕塔尼（Pattani）盆地南部区块油田现场作业总进尺 45 806 m，其中温度超过 175 ℃的钻井进尺达 5744 m。哈里伯顿构建出抗温 205 ℃的盐水钻井液，斯伦贝谢的子公司米斯瓦克公司（M-I SWACO）研发的新型钻井液体系生物柴油基恒流变钻井液瑞利安特加强型（RHELIANT PLUS）具有极强的热稳定性和恒流变特性。在深远海及复杂工况安全应急救援方面，针对海洋油气井控应急抢险建立了较完善的应急救援体系，目前国际上知名的井控应急抢险专业机构主要有美国威尔德井控公司（Wild Well Control Inc，WWCI）、美国海上油井封堵公司（Marine Well Containment Company，MWCC）、美国布茨&库茨国际井控公司（Boots & Coots International Well Control，Inc.）、英国溢油应急响应公司（Oil Spill Response Limited，OSRL）等。随着大数据、人工智能等数字化技术与自动化钻井技术的不断融合发展，钻井作业正在由自动化转向智能化。国外智能钻井技术目前仍处于开发攻关验证阶段，制定了详细的技术路线图，整合行业力量，构建和完善智能钻井所需的系统整体架构和统一数据标准协议，使地面井下各子系统、不同公司钻井设备系统实现在智能钻井平台上的通用性和互操作性。个别单项技术已经实现商业应用，提升了钻井效率和安全效果。

4. 水下油气开发技术

随着海洋油气资源开发逐步迈向深海，水下生产系统已成为海洋油气田开发的主要模式之一。当前国际上已具备3000 m级水下生产系统的方案设计、关键零部件研制及装备集成应用能力。随着大数据、人工智能等技术的发展，海洋资源开发装备智能化程度不断提升，国际上对水下生产系统运营状态的智能监控等技术已较为成熟。国内外水下生产系统进展主要体现在四个方面。首先，水下生产系统油气田开发水深和回接距离不断刷新。水下生产系统经历了浅海→中深水→深水→超深水、有潜水→无潜水作业的发展过程。其次，水下生产系统关键装备方面，世界上已投入运行的8000多套水下生产系统，基本被英国德希尼布福默诗公司（TechnipFMC）、挪威阿克尔解决方案公司（Aker Solutions）、美国斯伦贝谢深海石油天然气设备有限公司（OneSubsea）、美国德久普油田服务有限公司（Dril-Quip，Inc.）、美国贝克休斯公司（Baker Hughes）五大国外公司高度垄断，建立了完整的技术体系。采油树技术参数最大设计工作水深3000 m，额定压力15 000 psi[①]。再次，国外具备3000 m级水下生产系统安装技术与装备能力，挪

① 1 psi = 6894.757 Pa。

威海底 7 号公司（Subsea7）、法国德希尼布集团（Technip）与美国麦克德莫特集团（McDemoctt）等公司提供工程安装服务，美国哈里伯顿公司（Halliburton Company）、美国贝克休斯公司与英能迈能源技术服务有限公司（EnerMech）等公司提供调试及介入服务，具备完整的产业化能力建设（谢彬和曾恒一，2021；陈旭光等，2024）。最后，为提高油气采收率，在水下先进技术及制造方面，水下增压、分离设施、水下电气设备、全电控制系统已得到示范性应用。

5. 深水与极地工程技术

深水领域已成为全球油气勘探开发业务最具潜力的发展方向，是勘探大发现的主战场。近年深水油气项目已成为全球油气增储上产的核心领域，新发现的 101 个大型油气田中，深水油气田数量占比 67%、储量占比 68%。国外浮式生产装置最大作业水深 2895.5 m，气田最长回接海底管道距离 149.7 km，深水浮式生产设施 300 多艘。标普全球数据库显示，北极地区已发现石油储量约为 8.4×10^{10} t、天然气储量为 3.21×10^{13} m^3，总油气当量为 3.598×10^{11} t，占世界已探明油气储量的 25%。常规石油储量占世界的 2.5%，常规天然气占到了 15.5%。从 19 世纪 50 年代以来，在 66°N 以北已经勘探发现约 450 个油气田。北极待开发潜力巨大，拥有约 22%的世界尚未发现的可采油气资源；同时蕴藏着液态天然气，占全球总量的 20%。目前国际极地海上油气田开发已有相对成熟的模式，例如人工岛模式+海底管道、重力式固定平台+穿梭邮轮、浮式平台+海底管道+陆上终端、水下生产系统+圆筒型浮式生产储油卸油装置（Floating Production Storage and Offloading，FPSO）+穿梭油船和水下系统+长距离回接到陆上终端液化天然气（liquefied natural gas，LNG）工厂。

6. 天然气水合物多气合采和 CO_2 水合物固化封存技术

经过数十年的攻关研究，目前天然气水合物已经进入现场试采技术验证阶段，尚未实现商业化开发。截止到 2024 年底，据不完全统计，全世界已至少在 6 个地点进行了 12 次天然气水合物试采试验，其中陆上至少 6 次、海上至少 6 次。海上有 5 次发生在 2017—2020 年，分别是日本 2017 年的 2 次海上试采、中国 2017 年和 2020 年的 3 次海上试采。试采效果最好的是 2020 年中国神狐海域水合物降压试采，最长时间为 30 天，试采最大的日均产气量为 28 700 m^3（周守为等，2023）。总体上，水合物开发成本距离商业开发的经济门槛还有很大距离，存在着试采产能低、防砂难、生产不能持续、长期开发面临的安全问题尚不清晰、开发成本高等难题。特别是从全球天然气水合物资源宏观分布看，储量较大的海底浅层、弱胶结型天然气水合物开发利用技术没有实质性进展。因此，如何改进开采技术，降低开采成本，是今后天然气水合物开发的重点研究目标。海洋 CO_2 水合物多相态固化封存目前处于室内研究阶段，美国和中国等国家进行了一些前瞻性的研究，并在陆上冻土地带进行了 CO_2 置换开发天然气水合物现场试验，实现了天然气水合物开发和 CO_2 封存的一体化，验证了水合物法固化封存 CO_2 技术的可行性，但该技术尚面临着如何规模化注入和生成 CO_2 水合物等难题。

7. 海洋可再生能源开发技术

海上风电行业正迎来大规模快速发展的新时代，发展潜力巨大。全球风能理事会（Global Wind Energy Council，GWEC）发布的《2024 年全球风能报告》称，2023 年，全球风电新增装机容量达到 117 GW，比 2022 年增长 50%，是有史以来风能发展最好的一年。2023 年，全球风电累计装机容量达到 1021 GW，突破了 1000 GW 的里程碑目标，比 2022 年增长 13%。其中，2023 年全球陆上风电新增装机容量首次超过 100 GW，达到 106 GW，比 2022 年增长 54%，是有记录以来最高的一年。中国和美国仍然是全球最大的两个陆上风电新增市场，其次是巴西、德国和印度，这五大市场新增装机容量占全球新增装机容量的 82%，比 2022 年高 9 个百分点。2023 年全球海上风电装机容量新增了 10.8 GW，比 2022 年增长 24%，使其总装机容量达到 75.2 GW。中国连续第 6 年在海上风电开发方面处于领先地位，2023 年新增装机容量达到 6.3 GW，占全球海上风电新增装机容量的 58%。欧洲的 6 个市场（荷兰、英国、法国、丹麦、德国和挪威）新增了 3.8 GW 的海上风电装机容量。2024—2028 年预计全球风电新增装机容量为 791 GW，即平均每年新增装机容量为 158 GW。其中，预计全球陆上风电新增装机容量为 653 GW，复合年均增长率为 6.6%，年平均装机容量为 130 GW；预计全球海上风电新增装机容量为 138 GW，复合年均增长率为 28%。以下五大支柱将支撑这一预测水平的实现：①俄乌冲突之后，欧洲正在加速发展可再生能源，以实现能源安全。②美国实施了被称为全球有史以来最大气候行动投资的《通胀削减法案》（Inflation Reduction Act），不仅有助于在 2023—2032 年提供新的清洁能源，还有助于创造当地供应链、就业机会和全社会效益。③清洁能源已成为中国经济增长的主要驱动力。在“双碳”目标的推动下，中国政府制定了到 2060 年非化石能源消费比重达到 80%以上的目标。④各国政府和开发商重申其开发海上风电的承诺，浮动式风电技术以及电转 X（Power-to-X）技术解决方案将进一步释放海上风电在支持全球能源转型方面的潜力。⑤从 2026 年起，东南亚、中亚以及中东和北非等新兴市场的陆上风电装机容量将加速提升。全球风电装机容量增长需要加速，其年新增装机容量从 2023 年的 117 GW 提高到 2030 年的 320 GW 以上，才能实现 COP28 和控制温升 1.5 ℃的目标。这种装机速度将引发投资、供应链、基础设施建设、土地和海底可用性、社会接受度等方面的问题（Global Wind Energy Council，2024）。为实现该目标，本报告建议：①需要采取有意义的行动，调动更大规模的风能投资；②为大规模增长提供稳定和雄心勃勃的政策环境，并提供合理的投资回报；③通过健康、有管理的竞争，合作建立安全的全球供应链；④贸易政策应该培育有竞争力的产业，而不是把更高的成本推给终端用户；⑤需要新的生产模式，降低涡轮平台在尺寸上的竞争压力；⑥确保人工智能和机器学习的优势大于劣势；⑦缩小电网的差距；⑧利用储能、需求侧响应和其他灵活性解决方案；⑨采取行动，加快风电项目的审批；⑩促进社区参与，这对风能的扩张至关重要；⑪警惕对风能和可再生能源产生怀疑的错误信息和虚假信息；⑫全球风电行业必须发挥其作用，实现公正和公平的转型。随着近海风电开发技术的成熟和商业化开发，风能开发逐渐向深远海发展，而欧洲深远海风电率先实现了商业化开发，引领了国际深远海风电的发展方向。

（二）海洋与极地环境探测与装备

1. 卫星遥感海洋环境观测的多参数、宽视场、实时化、立体化

半个多世纪以来，世界主要航天大国均发射了多颗海洋遥感观测卫星，并形成连续系列，如欧洲空间局的“哨兵”系列、加拿大的雷达卫星（RADATSAT）系列、美国的陆地卫星（Landsat）系列等，获取了现场观测无法比拟的丰富资料。多参数、宽视场、实时化、立体化，将是下一代海洋环境遥感观测技术的发展方向。

2. 海洋遥感卫星的产业化和商业化

海洋遥感卫星的产业化和商业化也是海洋遥感技术发展和应用的主要趋势，具体如下：①高时空分辨率卫星系列持续发展，获取的高精度、高信噪比的观测信息可保障多方面、多层次的信息应用。②海洋大数据信息产业化及商业化应用蓬勃发展。目前，国际上已有多家从事空间信息获取与资源服务的商业公司，主要通过大量中小型卫星组网，提供高时空分辨率的全球覆盖信息服务。同时，大部分商业公司正在开展通过大数据挖掘技术提供定制服务的尝试，有望进一步催生全新的商业模式。

3. 海洋组网观测的全球化、层次化、综合化与智慧化

对海洋观测研究而言，不仅要从空中和陆上观海，更要巡海、入

海开展调查和探测，形成立体观测网络。建设军民兼用的海洋环境业务化保障体系已成为许多国家安全保障的重要举措，一些发达国家的海洋立体监视监测能力正在逐步覆盖全球，海洋环境预报能力已触及世界海洋的各个海域。海洋观测网技术主要有以下发展趋势：①面向全球大洋的全域观测系统及组网技术；②面向多学科相互作用过程的高密度综合观测技术；③面向智慧海洋立体多层次的信息观测与共享技术。

（三）海底矿产资源勘查与开发

海底矿产资源勘查与开发已上升为建设海洋强国的国家战略。当下，海底矿产资源勘查与开发技术正朝着精确化、高效率、大范围、大深度的目标发展。

1. 海底资源勘查与开发走向制度化和多样化

多金属结核勘探是全球海底矿产资源探测的第一轮浪潮。1987 年，苏联第一个向国际海底管理局提出多金属结核矿区申请。随后，世界主要海洋强国均圈定本国的矿区，并与国际海底管理局签订勘探合同。但由于深海采矿前景不明朗，跨国公司放缓了“区域”活动的步伐，以政府资助为主的活动逐步取代跨国财团的活动。目前，对海底矿产资源的勘探圈矿已经从多金属结核发展到富钴结壳和多金属硫化物。根据国际海底管理局发布的数据，截至 2024 年 8 月底，已有 19 个承包者签署了海底多金属结核勘探合同，4 个承包者签署了海底富钴结壳勘探合同，7 个承包者签署了海底多金属硫化物勘探合同。

随着海底资源探测技术的不断发展，发达国家将海底矿产资源勘查从单一的多金属结核探测拓展到富钴结壳、多金属硫化物、深海磷矿、天然气水合物等。发达国家利用对国际海底管理局的主导权，制定各种矿产资源勘探的规章制度，利用国际规则来保障各国在国际海底矿产资源权益上的最大化。国际海底管理局分别于 2000 年、2010 年和 2012 年发布了《“区域”内多金属结核探矿和勘探规章》《“区域”

内多金属硫化物探矿和勘探规章》《“区域”内富钴铁锰结壳探矿和勘探规章》，但截至 2025 年 3 月，关于“区域”内矿产资源的开发规章草案仍在谈判中，尚未出台。

2. 海洋矿产勘查开发向精细化、绿色化方向发展

近年来，随着航空、航天、军工及新兴产业的发展，富含锆、钛等矿产资源的滨海砂矿的勘查、开发再度成为发达国家及矿业巨头关注的热点之一。遥感、地球物理及大数据技术的发展，推动了海洋矿产资源勘查逐步趋向精细化和绿色化方向，地球物理勘探方法成为海底地质结构与能源资源探测、环境监测的主要技术方法，初步形成卫星-航空-海面-水下立体综合探测能力，以及海洋深部地质结构的探测与成像。滨海砂矿的开发从滨海向浅海发展，并实现了大规模开采，大幅提高了砂矿回收率。

3. 国际商业勘探促进深海矿区纷争加剧，商业试采不断涌现

加拿大鹦鹉螺矿业有限公司（Nautilus Minerals Inc.）于 2005 年率先对巴布亚新几内亚专属经济区内的硫化物资源进行了商业勘探。自 2010 年国际海底管理局通过《“区域”内多金属硫化物探矿和勘探规章》以来，各国开始争相申请，商业试采不断涌现。鹦鹉螺矿业有限公司 2007 年在巴布亚新几内亚专属经济区针对海底多金属硫化物开采而启动的“索尔瓦拉 1 号（Solware 1）项目”曾是深海采矿领域中一个重要的里程碑，尽管由于各种原因，该项目于 2019 年被迫中止（详见 https://dsmf.im/和 https://sms.je/），但其探索和试验为深海采矿研究提供了宝贵的经验和数据。

加拿大金属公司（The Metals Company）目前正在加大力量开辟电动汽车电池金属新来源，针对太平洋克拉里昂-克利帕顿断裂带海底的多金属结核进行勘探研究，并致力于开发先进的采集和提升系统。2019 年该公司与世界一流的近海工程企业 Allseas 集团建立战略合作伙伴关系，共同开发试验性采矿系统及近海生产系统。

近年来，以荷兰、比利时为首的部分欧盟国家积极推动海洋采矿进程，多次成功进行深海采矿装备海试与环境评估，相应深海矿产资源开发技术装备逐渐完善。欧盟针对多金属结核的开发陆续设立“蓝色采矿”（Blue Mining）、“蓝色结核”（Blue Nodules）、“可行性替代采矿系统”（Viable Alternative Mine Operating System，VAMOS）等多个项目。

日本从2008年开始以海底多金属硫化物矿床为勘探开发的主要对象，推进海洋采矿事业的发展。日本整个采矿计划分为两个阶段：第一阶段（2008—2012年）包括专属经济区海底块状硫化物（seafloor massive sulfide，SMS）矿床的详细勘探、海洋环境基线调查、环境影响预测模型的建立和SMS矿床试点开采试验原型机的研制；第二阶段（2013—2018年）包括新SMS矿床的勘探、环境影响验证实验以及SMS矿床样品采矿机及连续采矿试验系统的开发。2017年在冲绳海域成功地将海底热液硫化物矿床的矿石以矿渣状连续提升到采矿船上。2020年7月，受日本经济产业省的委托，日本国家石油天然气和金属公司在南鸟岛的日本专属经济区内，实施了富钴结壳的采矿试验，并取得了成功。这一系列的成果标志着日本在海洋矿产资源开发所需的技术方面迈出了一大步。

韩国政府自1994年以来，一直在主导开展多金属结核开采技术的研发项目。韩国海洋科学技术院（Korean Institute of Ocean Science and Technology，KIOST）2013年8月成功使用机器人Minero Ⅱ 在水深1370 m的海底采集到海底多金属结核，进一步开展了船体设施布局、提升系统等研究，并于2016年通过管道提升系统将1200 m深海底多金属结核输送到采矿船上。

2016年，中国首批重点研发计划“深海多金属结核采矿试验工程”立项，项目按1/10商业开采规模，设计研制了3500 m水深试验采矿车和大于1000 m水深的试验提升泵及管道系统，形成了我国深海多金属结核采矿试验系统。2021年6—7月，在我国东海和南海进行了全系统采矿联动试验，最大作业水深1306 m，打通了集矿机海底行走、结核采集与破碎、提升泵与管道提升、甲板脱水和矿物储藏等全采矿流程，从海底采集并输送到采矿船上天然多金属结核1166 kg。同时，实施了深海采矿试验全程立体环境影响监测，获得了深海多金属结核采矿环境影响评价的大量数据（陈蓓，2021）。

由于深海国际海底蕴藏着极为丰富的多金属结核、富钴结壳、海底热液硫化物等矿产资源和深海生物与基因资源，一些海洋强国正在加紧深海技术储备，迎接真正商业开采时代的来临。但深海矿产资源勘探开发具有高技术、高投入、高风险和战略性的特点，尤其是多金属硫化物资源作为海底深层赋存的矿藏，给深海勘探和资源评价带来了更大的挑战。目前，深海矿产资源勘查技术朝着大深度、近海底和原位方向发展，精确勘探识别、原位测量、保真取样、快速有效的资源评价等技术已成为重点发展方向。

4. 国际社会对深海采矿环境影响的高度关注日益成为阻碍深海采矿工程的关键门槛

美国等西方国家依托深海采矿试验环境影响评价实践（图1-1）和其在空间规划、传感器与水下装备等方面的优势，基于“预防性原则”的基本科学理念，大力推动“无环评，不采矿”甚至“无限期推迟深海采矿”等科学-政策-产业等多方联动的一致行动指针，同时在近期的国际海底管理局《“区域”内矿产资源开发规章草案》（简称《开发规章草案》）制定过程中试图通过强力扩大利益攸关方话语权、推动制定环境影响评估阈值等方式不断抬高环境门槛。例如，德国代表团于2022年在国际海底管理局第27届理事会期间提出《深海海底采矿规范性环境阈值》提案，要求国际海底管理局进一步完善和细化《开发规章草案》文本中关于环境保护与评估等方面的相关条款，特别是制定环境影响的相关压力阈值指标。而我国仅完成了南海1000 m级的深海采矿联动试验及其环境影响监测与评估，尚未在国际海底区域开展过成规模的深海采矿系统试验。同时，我国在深海采矿的环境影响监测与模拟技术、环境影响评估技术以及划区管理工具等方面还存在明显短板，亟须突破。

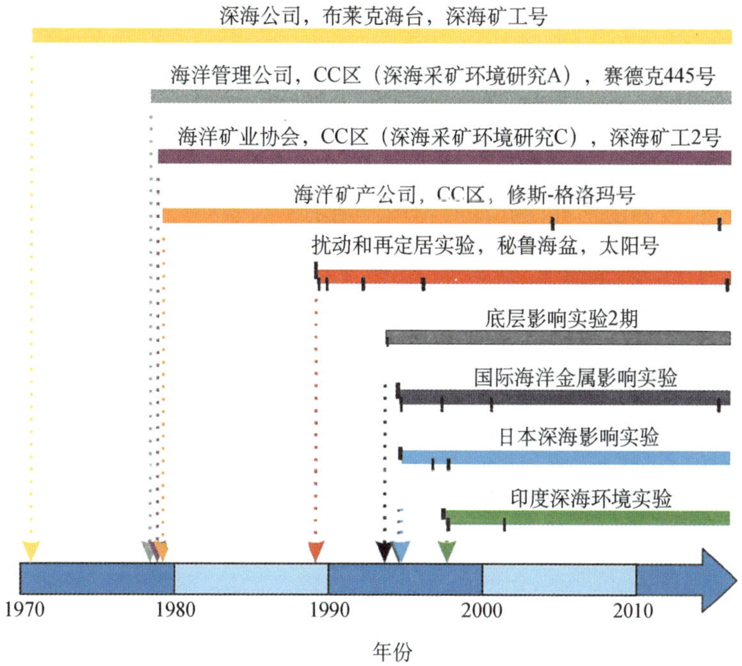

图 1-1　国际上已经开展的深海采矿实验环境影响评价实践（截至 2024 年）

另外，随着当前联合国国家管辖范围以外区域海洋生物多样性（Biological Diversity of Areas Beyond National Jurisdiction，BBNJ）问题谈判的趋近结束，自 20 世纪 80 年代《联合国海洋法公约》生效以来国际深海治理规则的第一次重大重塑已经到了紧要关头。以欧盟为代表的西方海洋强国动员了一切外交和科技资源要求通过并落实“到 2030 年保护全球 30%的海洋”目标，并依托其在深海生物多样性的科学认知、以海洋保护区为主体的划区管理工具理论和实践等方面的积累占据了明显先发优势。西方国家利用其在《生物多样性公约》（Convention on Biological Diversity，CBD）、《联合国气候变化框架公约》（United Nations Framework Convention on Climate Change，UNFCCC）等国际环境治理体系中的影响力与 BBNJ 谈判形成了相当程度的联动效应，进而期望系统性重构当前的国际海洋治理规则。作为指导未来国际海域矿产资源开发利用的关键规章，国际海底管理局发布的《开发规章草案》在制定过程中受到了来自上述多个国际组织和绿色和平组织（Greenpeace）、世界自然基金会（World Wide Fund for Nature）、皮尤慈善信托基金会（Pew Charitable Trusts）等非政府组织的强大压力，从而在环境相关条款的协商过程中遇到很大困难，这也进一步反映出当前国际深海治理规则的复杂联动关系。

（四）海洋生物资源探查及开发

主要海洋强国通过实施全球性的海洋生态环境保护策略，推动相关国际海洋治理体系建设，发挥其工程科技优势，结合极端环境的海洋生物资源科学考察能力和海洋生态系统监测与分析技术能力，加强对深远海及极地渔业产品生态可持续性的评估与标准认证制度的认定，抬高市场准入门槛，以此提升其优势海洋生物资源产业的市场占有率，维持其海洋生物资源开发利用的优势地位。

传统渔业发达经济体（如美国、日本、欧盟、挪威等）的海洋捕捞业发展依托于先进的装备制造、船舶工程、海洋生物、电子信息、材料科学等工程科技，在大型作业船只设计制造与辅助仪器装备领域具有先进性、系统性、配套完整性的优势，其作业性能、自动化程度、工作可靠性水准较高。

国际上对海洋生物基因资源与产物资源的开发已经进入快速发展阶段，多个领域的研究成果正逐步从实验室走向商业化应用。这些产品主要来自欧美及日本等在基础生物学、生物化学及其应用转化等工程科技领域具有优势的国家或地区。

（五）海水资源和海洋能综合利用

1. 海水淡化技术逐渐成熟化、绿色化

海水淡化已成为世界各国解决水资源短缺问题的战略选择和有效

措施。目前，世界海水淡化技术中，以反渗透海水淡化法为代表的膜法海水淡化技术和以低温多效蒸馏法、多级闪急蒸馏法为代表的热法海水淡化技术得到广泛应用。在这两大主流技术中，膜法海水淡化技术在设备投资、运行能耗和占地规模等方面更具有优势，将成为未来发展的主导。随着技术的不断进步，其他新型海水淡化工艺，如电渗析、压气蒸馏、正渗透，以及利用核能、太阳能、风能、潮汐能海水淡化技术等也正在开发与应用之中，微滤、超滤、纳滤等多项预处理和后处理工艺也在不断进步。美国、以色列、日本、新加坡、韩国、西班牙、德国、法国、英国等国家在该技术领域居于世界领先地位，是主要的海水淡化技术和产品输出国。这些发达国家有的生产海水淡化配套核心部件和关键设备，有的专业从事海水淡化工程设计、总承包和水务运营等。

2. 海水直接利用向深海、多产品、多系列化发展

在海水直接利用方面，目前以海水作为沿海电力、石化、钢铁等大型工业企业生产用的循环冷却水得到广泛应用，同时海水还用于景观和生活用水。日本在进行海水直接利用技术研究以及探索海水直接利用的使用范围等方面，始终处于世界领先的地位。美国、意大利、突尼斯等国也取得了举世瞩目的成就。在海水化学资源开发利用方面，目前主要是从海水中提取钾、镁、溴、钠、氯等一些常量化学元素，通过工厂化规模提取及深加工，合成生产新的化工产品。海水化学资源利用已从早期的单一海水晒盐发展形成更为高效的生产工艺和多产品、系列化成套技术，并依据市场需求不断调整完善。随着科技的不断发展，如何进一步降低海水化学资源提取能耗和生产成本，而且从海水中的常量元素提取向微量元素（如锂、铀、氘、碘、铯）延伸，是该技术发展的必然趋势。世界上海水化学资源开发利用技术领先的国家包括美国、以色列、日本、英国等，所采用的工艺技术主要包括空气吹出法、离子筛、电渗析、膜浓缩、多效蒸馏、机械热压缩

蒸发等。此外，深层海水的开发利用也为海水资源的开发与综合利用开辟了新的领域和方向。

为实现对海水资源的高效利用，必须解决的首要问题是降低能耗和成本，提高海水资源开发利用的经济性。因此，还需深入解决和突破一些前沿问题和关键技术，主要包括高性能分离膜材料与膜组件、高效能量回收技术和装备、大型高压泵、低能耗海水预处理净化工艺、大型化工程系统设计与集成装备、海水淡化多过程组合工艺、新型海水淡化技术、海水化学资源提取与浓缩技术、深层海水的提取和加工技术等。

3. 海洋能利用技术以潮流能、波浪能和温差能发展为主流趋势

海洋能的利用方式主要分为三大类：一是动能或势能的利用，即通过利用潮汐、潮流和波浪等流体动能或势能进行发电；二是海水热能的利用；三是海水与淡水盐度差的利用。当前，全球海洋能技术总体上仍处于技术研发及示范阶段，其中潮汐能技术最为成熟，已商业化运行数十年。潮流能和波浪能分列第二位和第三位，接近规模化商业应用，而温差能和盐差能依然处于技术验证阶段，发展速度较缓。

在国际潮汐能技术方面，1912年德国在胡苏姆建成世界上第一座潮汐电站，1967年法国建成了朗斯潮汐电站（装机240 MW），1984年加拿大建成了安纳波利斯潮汐电站（装机 20 MW），2011年韩国建成了始华湖潮汐发电站（装机254 MW），这4个电站均为传统拦坝式潮汐电站。2017年英国斯旺西湾开工建设新型潮汐潟湖电站（装机320 MW）。目前，全球运行、在建、设计及研究的潮汐电站多达100余座，整体上，国际潮汐能技术正朝着低成本、环境友好方向发展。

在国际潮流能技术方面，英国亚特兰蒂斯能源公司（SIMEC Atlantis Energy Ltd）是潮流能领域最为领先的公司之一。该公司开发的Atlantis 1000/1500/2000规格的兆瓦级潮流能发电机组是世界上最领先的潮流能发电设备；同时公司也负责建设和运营“梅根”潮流能发电项目，该项

目一期工程（装机 6 MW）于 2016 年 11 月竣工，单月并网发电量创造了 140 万 kW・h 的世界纪录，已成为世界上规划容量最大且唯一实现多台机组并网发电的商业化项目。荷兰 Torcado 公司于 2023 年 10 月在东谢尔特（Eastern Scheldt）地区完成了为期 8 年的 1.25 MW 潮流能阵列示范项目。2019 年，西班牙在欧洲海洋能源中心（European Marine Energy Centre，EMEC）的沃内斯瀑布（Fall of Warness）的潮流能实现并网，并第一次向英国国家电网供电。2020 年，美国绿色能源公司（Verdant Power）研发的第五代潮流能机组在 EMEC 进行了性能测试。

国际波浪能技术处于示范试验阶段，多种技术方向正在蓬勃兴起。瑞典科尔波尔海洋公司（CorPower）的波浪能发电装置在全球范围内处于技术领先地位。以色列生态波浪发电公司（Eco Wave Power，EWP）建成世界首个并网发电并签订购电协议的波浪能项目。美国海洋能源技术（Ocean Power Technologies，OPT）公司的 PowerBuoy 装置作为不间断电源应用于军事和国防领域。OPT 公司于 1997 年开始研发 PowerBuoy 波浪能发电技术，并在 2015 年实现商业化应用，推出 PB3 PowerBuoy 装置。国际波浪能技术仍朝着耐生存、高效率、易维护、阵列化应用发展。

国际温差能技术还处于示范验证阶段，其利用方式主要包括两种技术，即闭环和开环系统。美国、韩国等发达国家技术先进并积极与资源方开展国际合作。2015 年，韩国船舶与海洋工程研究所（Korean Research Institute of Ships and Ocean Engineering，KRISO）的 OTEC 团队成功完成了 20 kW OTEC 实验。2016 年 3 月，法国必维国际检验集团（Bureau Veritas，BV）首次原则上批准韩国船舶与海洋工程研究所设计的 1 MW 海洋温差能发电站。该 OTEC 发电站建造完成后，计划安装于南太平洋基里巴斯共和国南塔拉瓦海岸，形式为漂浮式，离岸安装。KRISO 设计的 1 MW 海洋热能转换发电站，是首个可实际投入使用的此类电站，可为今后 100 MW 商业化发电站建立铺路的基础发电站（佚名，2024）。

国际盐差能开发利用技术处于中试规模研究阶段。世界上许多国家如美国、日本、瑞典等积极开展盐差能发电技术的研究和开发利用工作，经过近80年的研究，高效、低成本的渗透膜研制等关键技术仍未得到较好解决，主要处于实验室验证技术阶段。1939年，美国首次提出盐差能发电的设想；2009年，挪威采用缓压渗透式发电技术建成全球首个10 kW盐差能示范装置；2013年，荷兰建成50 kW基于反向电渗析的盐差能示范电站（王冀，2016）。

总体上看，潮流能、波浪能和温差能是未来海洋能重点发展方向。虽然潮汐能发电技术已经成熟并进入商业化布局，但该技术受地理位置影响较大，对沿岸的生态环境也有影响，其资源储量与其他海洋能相比较小，因此未来发展受限。相比而言，潮流能、波浪能和温差能资源储量十分可观，虽然技术仍处于验证和示范阶段，但在“双碳”目标推动下，到2040年发展潜力巨大。

（六）海洋环境安全保障

1. 海洋天然气开发深海化、安全化及多手段监测化

国际上的钻井装置正走向更深的海域，适于更恶劣的环境，设计更合理，适用范围更广泛，天然气开发技术性能向更强、更先进、更安全方向推进。国际上研发了分布式光纤、分布式声学传感器等技术用于生产活动监测。深海油气田开发的安全保障逐渐向综合化系统化环境监测发展，同时注重提升海底复杂工况的数据传输性能。随着深海油气勘探和开发技术的日趋成熟，全方位油气泄漏监测和防控技术是未来海洋天然气开发环保安全技术的重点。

2. 海洋天然气水合物开发安全要求结合原位监测、开采模拟等技术

要实现天然气水合物的可持续开采，最重要的是解决海底滑坡以及由天然气水合物分解引发的生态灾害等环境问题。目前克服这些问题的

主要研究方法包括原位监测、开采模拟等技术。原位监测技术可用于水合物目标区筛查/资源量评估以及水合物开发过程中的海水环境监测；从目前水合物试采模拟技术调研来看，天然气水合物降压模拟技术会在未来一段时间成为研究的重点。加强室内模拟和理论建模分析，结合发展和完善多参数原位（在线）监测系统，能够为天然气水合物试采提供有效预警，不断解决试采中的新问题，不断完善试采的各项关键技术。

3. 海洋生物资源的安全开发在于监管和养护

世界部分海洋强国已基本实现渔业和基因工程等生物资源开发的全面发展，并正在进一步开发深远海生物资源，提出了一系列公海保护区建设模式。未来对海洋生物资源绿色开发的重点在加强海洋生物资源的监管和养护，包括重视对近海渔业资源的监测与管理，采用从投入至产出的全程监管，渔业生产过程的海（渔政船、科学观察员）、陆（渔船监控系统雷达）、空（飞机、卫星）综合监控技术以及渔捞统计实时报送与数据采集技术已经成为新的发展趋势。海洋牧场建设已经成为世界发达国家发展渔业、保护资源的主攻方向之一，包括更加注重海洋牧场生境营造与栖息地的保护、增殖放流与渔业资源管理体系构建等综合技术的发展；建造大型人工鱼礁；发展海洋牧场现代化管理的控制与监测技术；开发碳汇扩增技术，发挥海洋牧场的碳汇功能。

4. 海洋可再生能源开发环保安全技术朝低成本、环境友好型发展

海洋可再生能源被许多国家认为是减少碳排放和遏制气候改变战略的一部分，目前国际潮汐能、潮流能、波浪能均已有一定程度的应用，温差能和盐差能需进一步突破关键技术以实现大规模安全利用，各海洋能均主要朝低成本、环境友好型方面发展。为降低海洋可再生能源开发过程可能对海洋动物造成的危害，多国配置了如海底监测平台、多波速测深仪等装备。美国政府在海洋可再生能源开发上不断完善海洋政策法规，先后制定了《海岸带管理法》《海洋保护、研究和自然保护区法》

等海洋管理法规，为合理有效地开发海洋新能源提供了法律保障。

第二节　面向2040年海洋领域工程科技发展趋势及影响

到2040年，海洋工程科技将朝着绿色化、低碳化、智能化、信息化、全局化的方向发展，更加注重安全、环保和效率，更加需要多学科领域的融合发展。这些趋势将推动海洋工程的不断发展和进步，为人类更好地开发利用和保护海洋资源提供有力支持。

一、面向2040年本领域工程科技的发展方向和趋势

（一）海洋能源勘探开发技术国际领先，向着超深层、超深水区进发

2040年，海洋能源勘探开发形成完备的中国海上深层/超深层油气成藏理论及其勘探配套关键技术，整体达到国际领先水平。国家级、省部级、企业级实验机构建设成为国内外高水平深层/超深层油气勘探实验室，国际先进实验设备齐全，人员配备合理，科研水平达到国际领先水平。油气勘探开发技术重点向复杂环境、提质增效、智能清洁方向发展。海洋油气勘探的对象正在从构造油气藏向岩性地层油气藏、从中浅层向深层-超深层、从浅水区向远海深水-超深水区转变。未来发展方向为深水、超深水全海底水下智能工厂，其关键技术涵盖远距离水下生产系统智能化控制技术、水下油气处理技术等，在南海深水、超深水油气资源开发领域将拥有广阔的推广应用前景。

（二）天然气水合物资源逐渐实现商业化开发，海洋CO_2水合物固态封存达到规模化利用水平

2040年，天然气水合物勘探和水合物-浅层气-深层气多气合采技

术取得重大突破，天然气水合物资源开发达到商业化开发门槛并开始贡献产量，是我国天然气绿色能源可持续供给的重要战略布局和安全保障。水合物法固态封存CO_2技术达到现场规模化实施程度，建成百万吨级海洋CO_2水合物固态封存示范工程，拓展具有海洋工业特点的CCUS地质封存技术方向。

（三）海上风电蓬勃发展，呈现单台规模大型化、离岸距离远、海上风电制氢的发展趋势

多国政府已把布局海上风电看作实现能源安全与转型以及低碳目标的重要途径，并制定了雄心勃勃的装机目标。整体而言，海上风电呈现以下趋势：一是单台规模大型化。虽然大型涡轮机比小机型的成本更高，但这些大型涡轮机可以显著降低单位容量的风电机组物料成本，从而降低单位容量的风电机组造价，同时为开发商节约地基、电缆和安装等其他成本。海上风电机组平均容量近年呈现持续增长态势。二是离岸距离远，走向深远海。随着近海资源逐渐开发，海上风电项目持续向深远海发展，由于深远海的水深增加，固定式的支撑结构难度更大，漂浮式海上风电技术被业内视为“未来深远海海上风电开发的主要技术”。三是海上风电制氢。100%使用可再生能源生产的绿氢正在成为氢能发展的焦点，而海上风电比陆上风电稳定性更高、规模更大的特性，使海上风电制氢模式正在受到广泛关注。在全球范围内，以英国、德国、荷兰为代表的欧洲国家纷纷布局海上风电制氢。在中国，一些地方政府和企业也在加快海上风电制氢项目的布局。

（四）星-空-海、水面-水中-海底智能组网，天地一体化、可视化、智能化海洋环境立体监测态势形成

2040年，海洋立体观测及预警预报能力将得到极大提升，研发以“星-空-海、水面-水中-海底智能组网”为代表的海洋多源监测技术和信息互联互通的智慧海洋系统，为海上活动全球到达和权益保障提供

精准信息服务，实现全球海洋的透明化。海洋卫星呈体系化发展，实现全球海洋环境的长期连续观测，认知海洋对全球气候变化的响应和反馈机制；实现海洋时空无缝监测，有效应对各种海上灾害和突发事件的实时监测需求。海面、海洋内部、海底观测呈网络化发展，传感器及探测装备趋向小型化和智能化，观测信息互联互通并覆盖全球。结合超级计算机技术和先进的海洋数值预报系统，建立超高分辨率的无缝海洋数值预报体系，实现全球海洋环境和灾害的预警报，使预警精度达到天气预报的水平。通过信息智能服务系统，实现海洋信息产业化，并全面保障海洋安全和海洋开发活动。利用新一代计算机技术的不断创新突破，实现海洋产业高端智能化应用，从而完成海洋产业的数字化和智能化转型。

（五）深海矿产资源逐渐实现商业化开发，海底资源在国民经济发展中得到广泛应用

2040年，全球将出现多家国际一流的深海矿业集团公司，专门从事与深海矿产资源开发利用相关的业务。这些公司的业务将覆盖海底矿产资源勘探开发的全产业链，包括海底资源勘探、开发、环境评价、矿石选冶以及装备技术服务等。海底资源勘查开发工程技术也发展成熟，各家矿业集团公司在海底建有现代化的采矿场和粗加工工厂，粗加工后的矿产经封闭的海底管线快速环保地输运至陆地进行精细加工和分选冶炼，以满足社会经济发展对矿产的迫切需要。

（六）海洋油气、生物、可再生能源资源全方位安全绿色开发，推动大规模海洋碳汇技术应用

至2040年，海洋油气、生物及可再生能源资源开发环保安全技术得到极大发展，为海洋能源、资源全面开发提供显著有效支撑。实现海洋天然气生产过程安全化、保障措施系统化、核心部件自主化、环境感知智能化；克服海洋天然气水合物开发环保技术难题，建立全方

位环境数据实时监测和传输系统，完善环境灾害预防措施，实现水合物可持续开发；突破海洋生物资源绿色开发和可持续关键核心技术，推动海洋生物产业安全工程发展，实现海洋生物资源的可持续开发利用；攻克海上可再生能源装备清洁运营核心技术，建立环境友好型实施工艺，实现多种海洋能的大规模安全利用，推动海洋“蓝色经济”发展。在海洋环保安全开发降低海洋碳排放的基础上，进一步强化海洋碳汇相关领域研究和应用，加快配置与之关联的外延技术研究，为今后大规模应用海洋碳汇技术做好技术储备支持。

二、2040年世界相关领域经济社会发展状况

（一）海洋能源开发

2040年，深水/超深水和深层/超深层已经成为海洋油气重大发现的主阵地，海洋深水/深层油气资源接替陆上成为油气增储上产的主阵地。深水/深层油气勘探开发的成功，不仅满足了工业和生活需求，还带动了一系列与油气相关行业的蓬勃发展。在“双碳”目标的要求下，海上油田开发技术将逐步向高效化、低碳化和绿色化方向发展，目前该方面仍有技术空白，急需攻关多技术组合非连续化学驱油技术、水驱与化学驱协同增效技术，以及超临界多源多元热流体及原位改质等低成本稠油热采新技术。海洋工程将向超深水领域迈进，到2040年，实现全面的3000 m级深水油气自主设计和油气田开发能力，建立全海底水下智能工厂，形成超深水全电式水下智能控制模式，实现在超深水油气资源开发领域的工程应用。天然气水合物将有可能成为天然气供给的主要增量，海洋CO_2水合物多相态固化封存成为一种新的CO_2封存选择。彭博新能源财经（Bloomberg New Energy Finance，BNEF）判断海上风电度电成本、电解槽制造成本仍有较大的下降空间；与陆上风电制氢相比，未来海上风电制氢的成本竞争力将逐步凸显。

（二）海洋与极地环境探测与装备

基于海洋智能感知技术、海洋智能装备技术、海洋数字孪生技术等未来海洋技术的发展，构建完善的海洋交叉应用与治理体系，实现海洋强国的三大需求：一是产业技术需求，包括海洋经济发展的三大产业板块——全球海运、海洋资源开发、超大型和大规模养殖与捕捞装备；二是海洋可持续发展技术需求，主要是海洋生态环境保护；三是全球海洋治理的需求，包括维护我国海洋权益与推进海洋立法。

海洋强国三大需求的实现具体表现如下。

（1）海洋产业技术的高端化。围绕海洋工程、海洋资源、海洋环境等领域的关键核心技术，培育壮大海洋工程装备、海洋生物医药产业，推进海水淡化和海洋能规模化利用，提高海洋文化旅游开发水平。优化近海绿色养殖布局，建设海洋牧场，发展可持续远洋渔业。建设一批高端海洋经济发展示范区和特色化海洋产业集群。以沿海经济带为支撑，深化与周边国家的涉海合作。

（2）海洋生态环境可持续发展的优先化。建立沿海、流域、海域协同一体的综合治理体系。加快推进重点海域综合治理，构建流域-河口-近岸海域污染防治联动机制，推进美丽海湾保护与建设。防范海上溢油、危险化学品泄漏等重大环境风险，提升应对海洋自然灾害和突发环境事件的能力。完善海岸线保护、海域和无居民海岛有偿使用制度。

（3）全球海洋治理的深度化。积极发展蓝色伙伴关系，深度参与国际海洋治理机制和相关规则制定与实施，推动建设公正合理的国际海洋秩序，推动构建海洋命运共同体。深化与沿海国家在海洋环境监测和保护、科学研究和海上搜救等领域务实合作，加强深海战略性资源和生物多样性调查评价。参与北极务实合作，建设“冰上丝绸之路”。提高参与南极保护和利用能力，坚决维护国家海洋权益。有序推进海洋基本法立法。

（三）海底矿产资源勘查与开发

当今世界正经历百年未有之大变局，各国围绕拓展海洋空间、争夺战略资源和掌控关键技术的竞争日趋激烈。主要发达国家加快推动深海矿产资源开发技术装备研发及相关规则制定，相关国家重视本土产业链安全，加大对深海来源钴、镍、稀土等战略性资源的争夺。随着国家管辖范围外海域海洋生物多样性养护和可持续利用国际协定的出台，深海领域气候变化和海洋环境保护受到国际社会广泛关注，各海洋大国和有关国际组织加大对海洋生物多样性和环境监测等调查研究，深海活动环保门槛进一步提高，发展中国家深海活动受到影响甚至迟滞。以人工智能为代表的新一轮科技革命成果加速在深海应用，有关国家加快海洋工程装备与高技术船舶研制应用，无人化、智能化、集群化深海装备加快研发部署。

受到国际海底管理局《开发规章草案》相关环境条款的约束和全世界对深海采矿环境影响问题的高度关注，各个深海矿业公司都十分重视深海采矿的相关环境问题，包括环境基线与影响监测、环境影响评估和后续的环境修复等。围绕深海采矿环境问题，出现商业化的解决方案，形成环境影响监测装备、环境影响评估与修复等新兴产业。

（四）海洋生物资源探查及开发

从生态系统、物种、基因层面，较为深刻地理解气候变化对海洋生物圈的影响，理解群体资源、种质资源、产物资源在气候变化背景下的变化机理，理解极地海洋、大洋公海生物资源国际治理建立了坚实的海洋生态评价机制。极地、大洋、深海生物资源科学监测评估网络及大数据分析平台应用成熟，适应极地、大洋、深海特殊环境的极地海洋生物资源高效绿色利用技术应用成熟，形成有国际竞争力的现代化渔业产业链。

绿色养殖、深远海养殖高水平工业化、信息化，海洋牧场生境营造工程覆盖率增加；近海渔业资源生态系统完整稳定，资源环境动态监测大数据平台应用推广；产业综合加工利用全面机械化、自动化；掌握养殖、捕捞、增殖渔业碳汇机制与扩增技术途径，碳汇渔业技术得到普及与推广。

（五）海水资源和海洋能综合利用

到 2040 年，大型海水淡化厂将建成并向沿海城市或城市群供水，解决沿海水资源紧缺问题，为海岛开发利用提供淡水资源保障。海洋能发电技术将走向成熟，市场化开发海洋能将成为常态，海洋能发电技术从近海走向远洋，从浅水迈向深海。除了海洋能发电站，还会建设储蓄电箱、风暴潮护岸平台、海上游泳池、海水淡化平台等装置和应用设施。波浪、潮流发电装置如同海底人工暗礁一样给海洋生物提供新的生存场所，减少对周围海洋生态系统的影响。温差能、潮汐发电站在发电的同时，可以提供附属产品淡化水，将温差能、潮汐发电与海水淡化相结合，淡化水的成本将大幅降低。可以实现的能源发电除了近岸发电站，还可以搭建远洋发电平台、浮标充电站、深海发电平台，广泛应用在电动船舶、水下机器人等产品的自助供电。海洋温差能大型综合装置将给其他设备提供电力、淡水、冷源、动力输出。这些产品不仅可以改善社会经济状况，也能给人民生产生活带来巨大变化。

（六）海洋环境安全保障

海洋能源资源开发技术发展可能伴随的一系列环境问题，使得海洋开发环保安全技术将越来越受到全球高度重视。该技术将不仅用于海洋能源资源开发过程中的环境生态保障，也可用于保障滨海、湖泊、河流等资源绿色开发应用。此外，其所带动的装备、技术发展可直接用于社会服务，如风电环保安全应用技术、渔业绿色养殖技术等。海洋开发环保安全技术的大力发展，将促进海洋资源开发的生态系统良性循环，实现海洋经济可持续发展，助力实现“双碳”目标。

全球相关领域未来将围绕培育海洋新兴产业集群、壮大产业规模，全方位构建未来海洋资源开发的产业形态，其中包括提升海洋油气、海上风电、深远海养殖、海水淡化和海洋能开发等海洋装备制造自主化水平，推进产业高端化、智能化、绿色化，建立自主可控、安全高效的海洋装备产业体系；促进海洋清洁能源多元化开发与应用，加强海洋能资源高效利用技术装备开发和工程示范，支持海洋能规模化、商业化发展。

另外，世界人工智能、数字孪生技术正迅猛发展，数字经济的浪潮已经掀起，将赋能海洋产业发展。海洋领域相关的新型基础设施，如海洋通信网络、海底数据中心、海底光纤电缆系统等，将会快速发展，海洋大数据平台等将成为短期内的重点建设对象。随着海洋新型基础设施建设的推进，海洋领域数字经济将快速发展，加速推进海洋产业向数字化迈进。同时，数字经济在海洋领域中的发展应用势必会催生出促进海洋产业快速进步的新技术，并逐渐成为引领海洋领域的新业态。通信技术领域的不断进步，尤其是6G的研发，将为海基通信网络的创新发展带来新的机遇。此外，绿色发展理念将引领海洋经济高质量发展，促进海洋开发方式向可持续型转化。海洋技术投入也将更合理地向海洋环境治理倾斜，积极利用高新技术，突破重大难题和发展关键性技术，以先进的信息技术强化海洋管理力量和平台，综合提升海洋环境治理能力。

第二章　2040 年中国海洋领域科技与社会发展愿景及需求

21 世纪以来，我国海洋经济发展取得了巨大的进步，呈现出产业规模逐步扩大、产业结构持续优化、新兴产业蓬勃发展的态势，在国民经济中的地位越来越重要。本章主要给出海洋领域 2040 年经济社会发展态势，分析 2040 年海洋工程科技与经济社会相融合的发展愿景，以及实现愿景对海洋工程科技发展的需求。

第一节　2040 年中国海洋领域经济社会发展预测及需求

一、2040 年社会经济情景预测分析

未来我国将加快构建海洋新发展格局，着力推动高质量发展，努力实现海洋创新和科技机制创新的并驾齐驱，释放海洋科技动力，服务国家“海洋强国”战略，以及“智慧海洋”“透明海洋”等系列国家重大工程。同时，针对海洋创新及相关研究领域创新的资本支持力度不断增强，海洋价值链、资源链和技术链得到深度和加速整合。当前，海洋国际合作也迎来新局面，对外贸易逐步形成新格局。

到 2040 年，领域相关的海洋开发技术可基本保障能源和资源的绿色、安全开发，海洋来源的油气、生物资源和可再生能源在我国能源资源供给总量中的占比进一步提升，海洋开发所获石油和天然气可显著改变我国能源结构，海洋生物资源开发可为我国医药产业提供较强竞争力，海洋能源资源的绿色安全开发为国民经济发展提供重要支

撑。另外，在进行海洋能源资源开发的同时，可进行海洋的碳封存，充分激活碳交易市场，减缓温室效应，对全球生态环境发展及经济发展做出巨大贡献。

二、本领域需要解决的重大问题及其对工程科技的需求

（一）海洋能源开发

1. 传统能源技术

目前陆地和浅海油气资源勘探开发程度较高，2040 年国内油气增储上产主要依赖海洋，加快海洋油气资源开发已成为我国油气增储上产、可持续发展的必然要求。但目前海上在生产油田整体进入“高含水、高采出程度”的“双高”阶段，新增储量呈现出边低稠劣质化趋势，面临复杂、边际油气田有效开发以及高含水油田提高采收率等重大问题，需重点研发深层低渗油藏碳捕集、利用与封存-提高石油采收率（Carbon Capture, Utilization and Storage-Enhanced Oil Recovery，CCUS-EOR）技术、潜山裂缝性储层有效能量补充技术、高含水油藏稳油控水及化学驱提高采收率技术，建设低成本集成化小型化注热设施、高效注气压缩机、低成本防腐等关键工艺，加快移动注热、移动压裂等开发装备研发。此外，需加快重点推进深远海勘探开发技术攻关，发展深远海勘探开发装备，发展深水油气藏高效开发技术体系，打造深水深层开发工程。传统海洋能源开发需不断突破低成本技术界限，不断突破水深、埋深界限，支撑迈进深水、深层，持续推动勘探开发一体化、专业一体化，提升精细化管理水平，全过程全方位降本增效，支撑海上油气田高效开发。

2. “双碳”目标

“双碳”目标的实现需要各行业通力协作，能源行业优化能源供应结构，制造业做好能耗控制。然而受制于我国资源禀赋特点及新能源技术的发展规律，煤、石油、天然气等化石燃料在未来较长一段时间内仍

将在我国能源消费结构中占据主要地位，亟须探索推广经济可行的负碳技术以解决化石燃料消费带来的温室气体排放问题，保证“双碳”目标的实现。CCUS是目前实行大规模化石能源零排放利用的唯一技术选择，是全球“双碳”目标实现的重要技术保证。海洋具有CCUS潜力大、安全性较高的特点，是实施CCUS的有利区域，充分利用海洋资源，开发、推广海洋CCUS是实现大规模碳减排的科技需要。

3. 新能源

2020年《风能北京宣言》提出，“十四五”期间将保证年均风电新增装机5000万kW以上，到2030年至少达到8亿kW，到2060年至少达到30亿kW。要实现该宣言的目标，需要加大海上风电，特别是深远海风电的开发力度。在近海风电资源日渐稀缺的背景下，深远海风电将成为未来的主战场。目前开发深远海风电的工程难题包括：在优化研究近海实体海上测风塔的同时，需加强国内外雷达测风设备的研究，弥补现有海上风资源数据精度不足；基于国产化因素开展大容量、高可靠性风机机组研制；开展机组与基础一体化仿真研究，结合南海海域高波陡多台风的环境特点，探索海上浮体二阶运动特性，研发低成本高可靠度的浮式风电基础；满足未来随着海上风机的大型化发展、风场区域的不断扩大及柔性直流输电技术的进步而产生的海上升压站及长距离输电技术需求。针对诸多难题，需要对新型浮式基础等关键技术进行设计及验证，开展以海上为支撑、综合清洁能源利用技术攻关，通过技术创新来有效降低深远海风电的度电成本。

（二）海底矿产资源勘查与开发

1. 滨浅海砂矿勘查开发

《中共中央关于制定国民经济和社会发展第十四个五年规划和二〇三五年远景目标的建议》提出：“保障能源和战略性矿产资源安全。”这一目标的实现需要合理开发海洋资源，创新海洋矿产资源勘查、开发技术水平，构建绿色、科学、立体的海洋开发格局。当前我国海洋基础地质勘探与矿产资源勘探水平落后，装备不先进，矿产可回收率低，缺少可持续性开发规划，海洋矿业在海洋经济中占比与先进国家相比差距很大。

滨浅海砂矿（包括建筑用砂石的开发），具有高技术、高投入和高风险性，必须依靠科技的进步，以海洋地质工作为先导，增强海洋地质矿产资源的勘探开发水平（如滨浅海砂矿高效勘查技术、滨浅海砂矿资源评价技术、滨浅海砂矿绿色开发技术等）。

2. 培育和发展深海矿业

为满足国家"双碳"战略背景下社会清洁能源技术转型日益增长的金属供应需求，培育和发展深海矿业，需加强深海矿产资源大规模成矿作用基础研究，设立深海采矿国家重大项目，针对深海矿业绿色开采和环境保护技术与装备开展针对性的支持和攻关。预计在 2040 年左右深远海矿产资源进入商业化开发，来自海底的关键金属在清洁能源技术供应链的比重不断加大，为实现"双碳"目标提供重要的解决方案。到 2040 年，深海多金属结核矿区的钴、镍等关键金属年产量达到 5 万 t 和 37 万 t，富钴结壳和多金属硫化物等其他深海矿种的开发进入试开采阶段，从而有力地保障我国在上述矿产资源类型的供应方面的安全。

（三）海洋生物资源产业发展方式转型升级

当前我国海洋生物资源发展空间受到外部环境的挤压，同时我国绿色发展与生态文明建设已经成为重要发展趋势和要求。因此，海洋生物资源产业需要实现绿色可持续转型升级，既要保障生态安全，又需保障国家食物供应安全。

海洋生物资源产业应加快建设环境友好型海水养殖业与资源养护型捕捞业，需从单一注重产量增长转到更加注重质量效益，从生态系统角度考虑海洋生物资源管理措施、实现产业发展方式和设施装备升级换代，大力提升远洋、极地渔业国际竞争力，推动深海、低碳海水增养殖业发展，推动渔业碳汇功能得到充分发挥，提高水产加工与综合利用技术，挖掘极地、深渊等极端环境生物产物与基因资源，推动生物科技应用在海洋生物产物与遗传资源挖掘和利用，实现从单一技术到全产业系统工程的全面转型与提升。

实现海洋生物资源产业转型升级，需要多方面工程科技支撑，主要包括：极地、大洋、深海生物资源科学监测评估网络及大数据分析平台，适应极地、大洋、深海特殊环境的极地海洋生物资源高效绿色利用技术，适应大洋公海、极地海洋生物资源国际治理新机制的潜在海洋生态评价技术；工业化、信息化、高水平的绿色养殖、深远海养殖、海洋牧场生境营造工程；近海渔业资源、环境、生态系统动态监测大数据平台应用技术；全面机械化、自动化的产业综合加工利用技术；养殖、捕捞、增殖渔业碳汇扩增技术。

（四）海洋与极地环境探测与装备

建成完善的智能化立体海洋监测、环境保护和应急救援体系，实现海洋大数据的高效利用，为我国海洋绿色开发和生态环境保护提供全方位的智能信息保障。

（1）建成覆盖“空-水-沉积物”一体化的立体海洋监测体系和监测救援体系，着重突破深海环境监测难和近海环境监测组网难等局面的限制，为陆海统筹的海洋环境保护路径和现代海洋治理体系提供技术支持。

（2）通过空天地海一体化监测和通信网络，实现海洋大数据的高效利用，为海洋资源利用和管控、海洋生态监测、应急救援保障提供精细、高时效和准确的智能信息服务。

（3）在海上油气等资源开发领域实现全方位智能化监测与管理。通过云计算、大数据模型、人工智能等技术，建立知识模型，预测海上资源开发趋势；通过数字孪生、虚拟现实（virtual reality，VR）、增强现实（augmented reality，AR）技术，建成能够全面感知与自动操控的油田和能够预测趋势、优化决策的油田，建设海上油气勘探开发“智慧大脑”，构建智慧海洋、智慧油田，实现海洋绿色开发的智能化发展。

（五）海水资源和海洋能综合利用

我国是一个淡水资源严重短缺的国家，淡水资源既贫乏，又分布不均，人均用水量很少，时间和地域分布上又很不均衡，淡水资源已成为我国经济社会可持续发展的瓶颈。与跨流域调水、蓄水、开采地下水等其他传统手段相比，海水利用是一种可持续、长久解决水资源缺乏的方式。加大对海水资源的合理开发与利用，推动海水利用产业发展，对于保障沿海地区水安全、培育壮大海洋战略性新兴产业和推进海洋经济高质量发展具有重要意义。应按照“突破关键技术、夯实制造支撑、做优增值服务、深化国际合作、优化发展环境”的思路，提升海水利用技术创新能力，加快发展海水淡化制造业，补齐海水淡化服务业短板，推动海水淡化规模化应用。形成上下链条协同联动、制造服务融合发展、技术装备自主可控的海水淡化产业体系，并通过优化健全海水淡化发展机制和政策，进一步提高海水淡化应用市场规模。培育建成一批海水淡化领军企业、优势产业集群和综合利用示范区，大力发展以科技创新为引领、以产业化应用为支撑、以提高战略支撑能力为导向的海水淡化产业。为沿海地区经济社会发展提供坚实的水资源保障，将海水淡化产业逐步培育成海洋经济新的增长点。

立足海洋能资源条件，以海岛开发和海上作业用电需求为导向，兼顾解决沿海地区清洁能源需求，加快海洋可再生能源的规模开发利用。通过自主创新和引进消化吸收相结合，以海洋可再生能源多能互补电站为重点，有序推动海洋能项目建设，提升海洋可再生能源产业链整体水平，补齐核心技术与关键零部件短板，促进海洋可再生能源技术和装备开发。以人工智能等新技术改造提升海洋能开发效率，大力推动海洋能国际合作，促进海洋绿色能源走出去，推动海洋可再生能源产业跨越式发展。

（六）海洋环境安全保障

在海洋能源资源开发领域，海洋多层次全方位监测以及泄漏气体应急削减均为世界前沿科技，也是实现海洋能源安全有序开发的重要保障，是需要解决的重大问题。要克服该问题，需基本实现海洋开发装备技术自主化并完成科学原理创新，逐步成为技术引领者和标准制定者。

“工欲善其事，必先利其器。”海洋科技创新是建设海洋强国的根本动力。当前我国在海洋资源开发方面总体还处于“跟跑”阶段，海洋核心技术以及产业关键共性技术不足。在高端船舶与海洋开发装备制造领域，其核心技术与关键配件的自主研发与生产能力需要进一步加强。数字化、智能化技术自主研发与应用不足，海洋能源资源开发和现代通信与信息技术、网络技术、大数据、物联网和人工智能等技术联系有待加强，与国际先进水平仍有较大差距。面对海洋综合感知网络信息体系的快速发展，当前的海洋通信网络无法适应海洋开发业务全面拓展的需求。结合海洋安全与权益维护、海洋开发利用、海洋环境认知等信息应用服务的需求，拓展智慧应用服务能力，逐步推进海洋状态全面感知、信息广泛互联、资源按需分配和服务协同智能的发展。核心工业设计软件、高端装备制造产业链有待提升，制约了海洋资源开发及其环保安全技术的发展。我国的海洋开发装备技术需要向高端化、高可靠、智能化方向发展，大幅提升海洋开发装备研制水平，成为行业技术引领者和标准制定者；需要掌握高端海洋开发装备核心技术，为领域海洋环境立体观测及削减体系构建等提供现代化装备。此外，泄漏甲烷的应急削减技术，还涉及多种学科交叉，包含碳的物理、化学、生物协同转化，是国际上尚未厘清的复杂机理，因此要求我国的自主科学创新。同时，快速发展的远洋贸易、海洋资源开发和海洋经济活动，对相应的海洋开发装备提出了更高要求，可以说海洋开发装备的兴起是我国建设海洋强国的必要条件。

第二节　2040 年中国海洋领域经济社会与科技发展愿景

一、愿景一

海洋经济完成高质量发展转型，产业结构进一步优化。科技创新驱动的海洋战略性新兴产业实现集群化高质量发展，占全国 GDP 的比重明显增加，基本建成与我国综合实力和国际影响力相适应的海洋强国。

海洋经济占全国 GDP 的比重提升至 10%左右，海洋产业结构进一步优化。海洋来源的油气、金属矿产、可再生能源、动物蛋白质在我国资源供给中的比例进一步提高。基于绿色、高效、可靠、智能、安全理念，发展海洋传统产业转型，培育海洋战略性新兴产业，形成集自主研发设计、总装建造、设备供应和技术服务于一体的产业体系。基本形成以科技创新为引领的海洋经济高质量发展模式，基本建成与我国综合实力和国际影响力相适应的海洋强国。

实现近海渔业资源开发利用良性循环，深远海养殖业产量、产值及所占海洋经济比例增加，水产品综合加工利用技术水平提升，以综合加工利用带动海洋生物产业新模式发展。对于具有高经济价值的大洋公海大宗渔业资源，如金枪鱼，以及具有高生物学可捕量的极地、大洋公海大宗渔业资源，如头足类、中层鱼、南极磷虾等，突破资源掌控能力与全产业链信息化生产能力，投入产出比获得较大提升，形成规模化、可持续、高效经济的绿色产能。以市场需求为导向，通过基础研究突破，重点推动深海药物、微生物酶、生物农药、工业催化、生物环保等深海基因资源产业化应用，进一步实现海洋生物基因的商业开发应用，并逐步提升在海洋经济中的占比。

二、愿景二

海洋油气勘探开发力度进一步加大。2023 年，国内油气产量当量超过 3.9 亿 t，连续 7 年保持千万吨级快速增长势头，年均增幅达 1170 万 t 油当量，形成新的产量增长高峰期。海洋原油大幅上产成为关键增量，产量突破 6200 万 t，连续四年占全国石油增产量的 60%以上。近年来，渤南、陆丰、流花、恩平等油气田群成为海上油气产量增长点，我国海上已建成渤海 3000 万 t 级、南海东部 2000 万 t 级两个大型油气生产基地（国家能源局，2024）。随着“双碳”政策的实施，预期全面形成“双高-双特高”油田提高采收率技术体系，全面形成深水、深层、低品质油气田规模化绿色高效开发技术能力，推动在生产油气田持续上产稳产。其中，海上稠油热采作为增储上产重要途径，将上产并稳产 500 万 t；“双高-双特高”油田提高采收率 10%—15%。同时，我国大力发展海上风电、天然气水合物多气合采和 CO_2 水合物固化封存、新能源、氢能等海洋能源，积极研究海底 CO_2 储存技术，初步实现水合物规模化开发和利用，并初步建成海上智能油气田体系，海洋油气开发及与其融合开发的新能源领域将为碳汇做出重大贡献。

深远海矿产资源进入商业化开发，来自海底的关键金属在清洁能源技术供应链的比重不断加大，为实现“双碳”目标提供重要的解决方案。到 2040 年，深海多金属结核矿区的钴、镍、稀土等关键金属年产量分别达到 5 万 t、37 万 t 和 2 万 t，富钴结壳和多金属硫化物等其他深海矿种的开发进入试开采阶段，制约解决深海采矿环境影响问题的诸多关键技术获得系统突破，包括深海采矿环境影响监测与模拟技术、环境影响评估技术、环境修复技术等，从而有力保障我国在上述矿产资源类型的供应方面的安全。

基于原位观测、保真取样和室内原位模拟一体化装置与技术，构建典型海底生态系统、甲烷、碳及相关环境的观测网，探明深海化能生物的环境适应性，解析深海化能生物的固碳储碳（甲烷）机制，掌握生物固碳原理，探究微生物-宏生物共生体系对甲烷的代谢机理，揭示化能食物链结构、能量流动和物质传递规律，探明甲烷-生物利用-成矿的机理，构建生物-物理-化学耦合的碳汇核算方法体系，建立甲烷-生物利用-成矿的技术体系，突破深海物理-化学-生物协同甲烷（碳）捕集、增汇技术。

通过探明碳汇渔业生物群体（含捕捞群体和增殖群体）及养殖生物个体固碳机理、碳汇过程及碳收支参数计量，提升对碳汇扩增途径的掌握，提升渔业碳汇能力、延长碳汇周期，收集、挖掘并开发优良碳增汇渔业生物新种质，推动碳汇渔业技术发展与生产模式普及，促进渔业生产节能减排技术推广，实现渔业固碳功能的充分发挥。

2040 年，掌握海上 CO_2 捕集、运输、利用和封存关键核心技术，实现国内海上 CO_2 封存工程示范并逐步推广，为国家“双碳”目标的实现奠定基础。新能源方面：一是新能源从补充能源变为规模替代化石能源；二是实现生产侧的新能源转型，风电、光伏发电将成为能源在生产结构方面转变的主力，到 2050 年，风电和光伏发电将成为主要电力来源；三是在消费侧实现能源全面转型，新能源供热和电能替代。传统能源技术方面：掌握深远海勘探开发核心技术，发展并建成一批深远海天然气勘探开发装备，在南海中南部具有较大的天然气勘探开发力度，天然气规模化开发生产能力与清洁能源在国家能源结构中的占比逐步提高。

三、愿景三

海洋战略空间保护和利用取得显著突破，深远海、大洋、极地等领域的自主装备和技术为我国海洋发展空间和安全空间的保障提供有力支撑，助力我国在全球海洋治理中发挥重要作用。

完成深远海、大洋和极地等未来海洋重要战略空间的工程技术和装备储备的突破，形成 6000 m 水深多金属结核资源自主勘探开发的装备和技术能力，实现主要关键装备和设备国产化。深远海资源开发能力显著提高，南海北部油气田开发蓬勃开展并建成南海海上能源管网，南海中南部油气资源实现有效开发；开展更加广泛和深入的大洋科考并引领相关领域的国际合作，建设海上丝绸之路海洋合作联盟，以大洋矿产和远洋渔业等为突破口，部分大洋海底矿产（如多金属结核、多金属硫化物）实现商业化试采，并做好部分其他种类海底矿产的试采准备，远洋渔业作业能力进一步拓展；北极能源资源获取能力进一步提高，助力保障国家能源安全，南极保护和利用水平进一步提升，极地工程关键核心装备和冰雪工程技术进一步突破，建成全季全域的极地科考体系，由极地考察大国向极地考察强国迈进。

通过对极端环境海洋生物资源探查、开发、高品质加工利用与运输贮存等产业链关键装备的研发攻关，推进深远海、大洋公海、极地海域生物资源利用的自主化装备技术能力，建成适应大洋和极地特殊环境的极地海洋生物资源高效绿色利用技术与工艺。实现极地大洋渔业信息网络与渔场精准预测；建立新探测技术与海洋生物资源动态关联机制；加快深海生物资源探查，建成大洋公海、极地及亚极地海域渔业生产的资源、安全保障信息速/预报体系，实现对极地大洋海洋生物资源动态精准评估、预测及信息网络化；建立大洋公海、极地海洋国际治理的渔业活动生态影响评价指标、方法与体系，为我国海洋经济和海洋维权提供有力支撑。

四、愿景四

构建覆盖海底、海洋水体至海面的全方位海洋环境生态监测系统，高效整合并利用海洋大数据资源，为推进我国海洋绿色开发与生态环境保护战略提供全面、智能的信息支持与安全保障。

建成覆盖“海底-海洋水体-海面”一体化的全方位海洋监测系统，着重突破深海环境监测难和近海环境监测组网困难等局面限制。集中攻关水下多相环境原位监测技术体系，尤其是新型环境污染物原位传感技术和长周期、大范围底栖生态系统监测网络，为海洋 CO_2、甲烷等温室气体以及新型污染物的源头路径和时空变化提供技术支持，为陆海统筹的海洋环境保护路径和现代海洋治理体系提供技术支持。

借助空天地海全方位一体化的监测体系与通信网络，实现海洋大数据的高效整合与应用，为海洋资源的优化利用与科学管理、海洋生态系统的精密监测，以及紧急救援行动的快速响应等提供智能化信息服务支持。环境保护方面，可利用卫星监测网络获取水色卫星数据并反演叶绿素浓度、浊度等基本海洋环境要素，对水质指数、珊瑚适宜度指数、赤潮危机指数以及蓝碳进行监测，对海洋生态进行全面的评估。同时结合无人机等空基监测网络进行补漏。应急救援监测方面，基于卫星、航空、临近空间/高空、海基、地基智能组网，及时精准地提供监测信息和通信链路，使常规监测频次优于 1 h，应急救援监测频次优于 10 min。

在海上油气资源开发领域构建全方位智能化的管理体系，深度融合云计算、大数据分析及人工智能等前沿技术，以构建精准预测资源开发趋势的知识模型为核心，洞察并规避潜在的安全隐患与生产障碍，促进更大范围的无人化作业与自动化控制，进而实现成本的有效降低与运营效率的显著提升。通过数字孪生、VR、AR 技术，建成能够全面感知、自动操控的油田和能够预测趋势、优化决策的油田，建设海上油气勘探开发“智慧大脑”，构建智慧海洋、智慧油田，实现海洋绿色开发的智能化发展。

深入探究海洋生物资源多样性的生成与演化机理，创新渔业生态友好型绿色开发技术，以强化渔业水域的自然生态服务功能，促进水域生态环境的恢复与优化。构建以资源高效利用、环境和谐共生、质量与效益并重的现代渔业发展模式，确保海洋生态系统的健康与完整性得以维护。此外，显著增强近海渔业资源的养护效果，实现其开发利用的良性循环，保持生态系统的完整与稳定。同时，推动资源环境动态监测大数据平台的业务化运作，以全面达成渔业高质量发展与资源环境保护协同推进目标。

通过海洋新型监测和通信网络，实现海洋大数据的高效利用，为海洋资源利用和管控、海洋生态监测提供精细、高时效和准确的智能信息服务。结合海洋全方位监测，利用油气开发泄漏气体应急削减装备系统及物理-生物-化学固碳技术，减少气体泄漏量，降低对海洋环境及生态的危害。

第三章　中国海洋领域工程科技技术预见与发展能力分析

工程科技的发展具有较强的可预见性、可规划性和可引导性。技术预见是一种将技术发展放在社会经济大系统中，对未来较长时期技术发展趋势进行预测与选择的研究方法。技术预见活动是面向2040年的中长期发展战略研究提出关键性、颠覆性技术发展方向的一个重要途径。通过将技术预见与需求分析、战略研究相结合，可进一步提高战略研究的前瞻性、系统性和科学性。

第一节　海洋领域工程科技2040技术预见

一、本领域工程科技2040技术预见基本情况

（一）问卷调查情况

本研究基于突出海洋领域的技术前瞻性、满足面向2040年的愿景需求，通过召开专家研讨会，以及多轮筛选和凝练等工作流程，征集并形成备选技术清单，面向大群体专家，进行了两轮技术预见问卷调查工作。

（1）2022年5—6月第一轮备选技术清单：海洋领域第一轮问卷调查，邀请人数472人，填报人数201人，专家参与度为42.58%。共回收问卷2321份，平均每项技术项约有31位专家作答。

（2）2022年9—10月第二轮备选技术清单：海洋领域第二轮问卷调查，邀请人数888人，填报人数282人，专家参与度为31.76%。共回收问卷2752份，平均每项技术项约有34位专家作答（表3-1）。

表 3-1 海洋领域两轮技术预见调查结果

	邀请人数/人	填报人数/人	参与度/%	问卷数/份	技术项平均问卷数/份
第一轮	472	201	42.58	2321	31
第二轮	888	282	31.76	2752	34

（二）专家调查情况

本研究根据专家的专业背景和参与的积极性，邀请了具有丰富行业经验的院士专家形成参调专家体系，开展两轮问卷调查工作。

通过邮件、短信、纸质问卷等线上、线下同步开展问卷调查，并按照“一对多”模式，安排子领域技术预见负责人跟踪、督促专家及时参与问卷调查，最终完成两轮技术预见调查。

（三）问卷调查结果的研讨分析过程

研究进行了两轮德尔菲法调查，并拉长了两轮调查的间隔，即在第一轮德尔菲法调查之后，结合技术预见调查结果与需求分析结果，海洋领域课题组开展重点技术和技术路径的深化研究，尤其是针对第一轮问卷调查中的争议性问题或关键性技术等进行深入研究，在战略研究取得一定成果、对技术趋势的把握更加深入时，再开展第二轮德尔菲法调查，增加针对性调查问题，使之更好地服务于战略研究。最终根据问卷调查结果，进行了技术预见分析，经过各子领域专家对调查结果的研判、甄别和筛选，最终形成技术预见分析报告。

二、本领域技术预见结果分析与关键技术选择

（一）技术实现时间分析

海洋领域技术的世界技术实现时间、中国技术实现时间和中国社会实现时间如图 3-1 所示。

所有技术项的预期世界技术实现时间为 2025—2031 年，主要集中在 2026—2028 年的有 73 项，约占全部技术的 91.25%。

预期中国技术实现时间为2027—2032年，主要集中在2029—2031年，有70项，约占全部技术的87.50%。预期中国社会实现时间为2029—2036年，主要集中在2031—2034年的有71项，约占全部技术的88.75%。

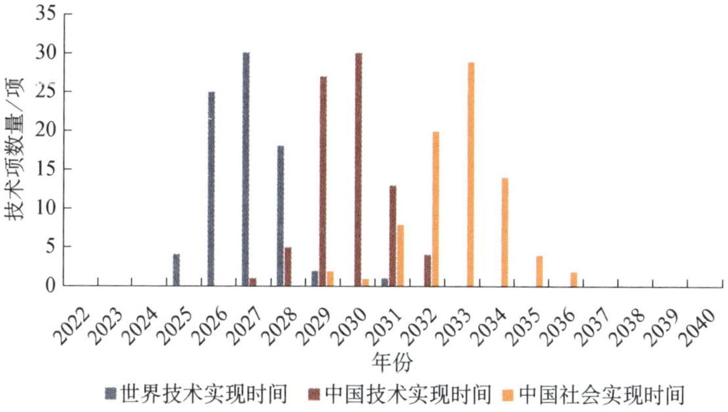

图3-1　预期实现时间分布

总体上，在不考虑技术项数加权的情况下，世界技术实现时间、中国技术实现时间、中国社会实现时间分别约为2028年、2031年和2034年。

（二）技术水平与约束条件分析

1. 技术领先经济体

海洋领域技术领先经济体的判断如图3-2所示，除了海洋生物资源探查及开发、海水资源和海洋能综合利用子领域，美国在其他四个子领域拥有技术优势。

2. 研发水平指数

我国海洋领域各子领域技术项研发水平指数中，80项技术研发水平指数均值为34.31，说明海洋领域整体技术发展程度相对不成熟。其中，低品位废热高效利用低温蒸馏海水淡化技术研发水平指数为60.32，属于研发水平相对较高的技术项；智能微小型海洋传感器技术研发水平指数最低，仅为10.12（表3-2）。

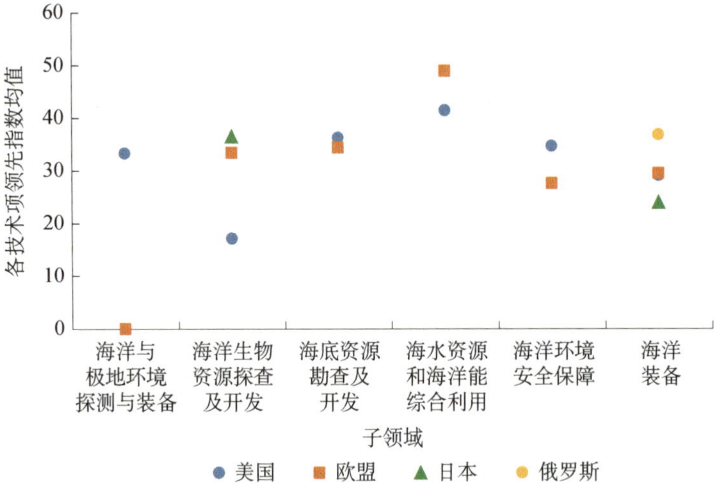

图3-2 技术领先经济体分布

表3-2 我国海洋领域各子领域技术项研发水平指数

子领域	≤20	21—40	41—60	61—80	>80	平均研发水平指数
海洋与极地环境探测与装备	4	8	7	—	—	33.27
海洋生物资源探查及开发	3	1	2	—	—	28.97
海底资源勘查及开发	—	14	4	—	—	35.29
海水资源和海洋能综合利用	—	3	6	1	—	44.54
海洋环境安全保障	1	12	4	—	—	33.80
海洋装备	2	7	1	—	—	29.96
合计	10	45	24	1	—	34.31

在海洋各子领域分布上，海水资源和海洋能综合利用子领域平均研发水平指数较高，海洋生物资源探查及开发子领域平均研发水平指数较低。

整体上，我国海洋领域研发水平指数与世界持平的技术项有24个（指数41—60），处于超前的有1项（指数61—80），处于较落后的有

45 项（指数 21—40），处于落后的有 10 项（指数≤ 20），处于较落后和落后的占 68.75%。

3. 制约因素分析

在技术预见问卷调查中，针对每个技术项，设置工业基础能力及科技资源、人才队伍、研发投入、协调与合作、标准规范、法律法规政策、科学原理突破、经济可行性、危害性或伦理性风险、国外限制竞争等选项，结合专家熟悉程度，计算每个因素对技术项的制约程度（百分比）。整体来看，当前研发投入和人才队伍是海洋领域工程科技发展的主要制约因素（图 3-3），工业基础能力及科技资源、协调与合作、科学原理突破等也是制约海洋领域技术发展的重要因素，危害性或伦理性风险、国外限制竞争、法律法规政策等对海洋领域发展的制约性较小。

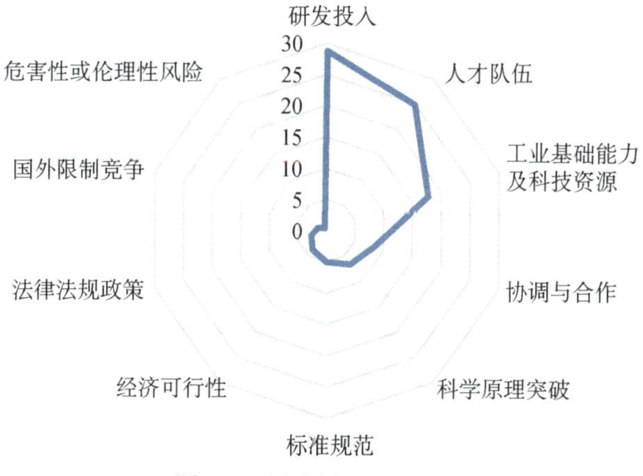

图 3-3　领域制约因素情况

（三）技术重要性分析与关键技术选择

1. 本领域关键技术方向

综合技术核心性指数和技术应用重要性两项指数，可以得到核心性与应用重要性综合指数，即综合重要性指数，以此为基础，经过专家研讨分析，提出本领域的关键技术方向（表 3-3）。

表 3-3　本领域关键技术方向

子领域	技术项	综合重要性指数	实现年份			研发水平指数	领先经济体	制约因素
			技术		社会（中国）			
			世界	中国				
海洋生物资源探查及开发	海洋生物基因与产物资源发掘利用工程技术	92.57	2027	2031	2034	15.00	美国	研发投入
海洋与极地环境探测与装备	海洋环境立体观测智能组网与互联互通技术	92.23	2026	2029	2033	38.69	美国	人才队伍
海洋生物资源探查及开发	现代海水养殖绿色发展工程技术	90.43	2026	2029	2031	53.39	欧盟	研发投入
海底资源勘查及开发	深海矿物高效率、低能耗、环境友好的绿色开采工艺技术	90.02	2027	2029	2034	31.94	欧盟	工业基础能力及科技资源
海水资源和海洋能综合利用	深海油气、水合物多气合采与可再生能源多能协同开发技术	90.01	2031	2032	2036	53.33	美国	研发投入
海洋与极地环境探测与装备	水下导航定位与海底测绘技术	89.84	2027	2030	2032	26.06	美国	研发投入
海底资源勘查及开发	大功率远距离水下动力安全输配技术	89.08	2025	2029	2032	39.83	美国	研发投入
海洋环境安全保障	近海典型海洋生态灾害协同防控关键技术	88.76	2028	2031	2034	41.09	美国	研发投入
海洋与极地环境探测与装备	海洋观监测装备智能制造技术	88.62	2028	2031	2034	18.60	美国	研发投入
海洋装备	海上可再生能源制氢与综合利用装备技术	88.56	2027	2030	2033	32.26	欧盟	研发投入、工业基础能力及科技资源

2. 本领域关键共性技术方向

综合技术通用性指数和技术应用重要性两项指数，可以得到共性技术重要性指数。以此为基础，经过专家研讨分析，提出本领域的重要共性技术方向（表3-4）。

表 3-4　重要共性技术方向

子领域	技术项	共性技术重要性指数
海洋与极地环境探测与装备	海洋环境立体观测智能组网与互联互通技术	92.08
海底资源勘查及开发	大功率远距离水下动力安全输配技术	91.22
海洋装备	海上可再生能源制氢与综合利用装备技术	89.37
海洋与极地环境探测与装备	水下导航定位与海底测绘技术	89.09
海洋与极地环境探测与装备	海洋环境人工智能融合认知技术	88.97
海洋环境安全保障	近海典型海洋生态灾害协同防控关键技术	88.52
海洋与极地环境探测与装备	静止轨道海洋遥感技术	88.49
海水资源和海洋能综合利用	海水淡化集成技术在传统工业升级改造中的应用示范	82.54
海水资源和海洋能综合利用	深海油气、水合物多气合采与可再生能源多能协同开发技术	78.00
海洋生物资源探查及开发	海洋生态环境观测与模拟平台技术	76.99

3. 本领域的颠覆性技术方向

综合技术颠覆性指数和技术应用重要性两项指数，可判断选择重要的颠覆性技术方向（表 3-5）。

表 3-5　重要颠覆性技术方向

子领域	技术项	颠覆性指数
海洋生物资源探查及开发	海洋生物基因与产物资源发掘利用工程技术	90.67
海水资源和海洋能综合利用	深海油气、水合物多气合采与可再生能源多能协同开发技术	87.75
海洋与极地环境探测与装备	静止轨道海洋遥感技术	86.86

第二节　中国海洋领域工程科技体系发展能力分析

面向工程科技强国目标，结合当前我国面临的外部形势，基于技术预见专家调查和研讨研判结果，系统梳理工程科技各领域现有能力、发展潜力，兼顾安全与发展要求，分析我国当前工程科技体系能力水平。

一、海洋领域工程科技总体水平与优势分析

（一）海洋能源开发

1. 海洋传统能源

深水/深层油气勘探已成为我国石油工业未来重要的发展方向。我国南海深水油气勘探目前已摸索出一系列油气勘探理论，并指导实际油气田发现。在琼东南盆地深水区突破缺乏烃源岩、没有储层的认识，首次获得了天然气重大勘探突破，发现了“深海一号”超深水大气田；在珠江口盆地深水区，在石油沿构造脊长距离运移新认识驱动下，发现了一批轻质油田。海洋石油开发领域形成了以海上油田丛式井网加密调整、化学驱提高采收率、稠油规模化热采等为核心的海上油气藏特色优势开发技术体系，建成首个海上油田聚合物驱示范工程、首个海上稠油规模化热采示范工程、首个海上CO_2混相驱及压裂规模化开发示范工程、海上首个千亿方大气田循环注气示范工程，“深海一号”超深水大气田的投产标志着我国已基本形成超深水气田开发能力。我国基本具备1500 m水深油气田钻采设计与作业能力，掌握深水钻完井系列技术，在深水隔水管、深水浅层安全高效钻井、深水测试和完井、深水井控及应急救援等方面形成了技术体系；在深水浅层钻井方面处于国际先进水平；同时我国在海上高温高压钻完井领域整体处于国际先进水平。我国基本具备1500 m级深水半潜式生产平台、海底管道和水下生产系统的设计能力，常规浮式平台总体设计及建造等相对成熟，基本实现国产，可独立实施深水油气田开发工程建设。我国拥有一定极地工程开发基础理论和实验条件，掌握LNG模块化工厂建造核心技术，初步具备用于北极海域作业的深水半潜式钻井平台设计建造能力。

2. “双碳”目标

目前第一代CO_2捕集技术在我国处于示范阶段；第二代捕集技术

处于实验室研发或小试阶段，2040 年有望大规模推广。在输送环节，罐车和船舶较成熟，管道输送最具规模和经济性，海管处于概念研究阶段。在利用环节，CO_2 驱油利用发展潜力大、技术成熟，我国吉林、江苏、山东等地油田也在开展规模化产业示范。我国已开展 CO_2 驱替煤层气现场试验和技术示范。在 CO_2 强化地热开采方面，国内处于基础研究阶段。关于 CO_2 深部咸水封存，国内处于研发与示范阶段。我国陆上咸水层封存完成 10 万 t/a 规模示范，海底咸水层、枯竭油气田封存完成了中试设计与论证。此外，海洋 CO_2 水合物固态封存正在成为一个新的技术发展方向。我国近年来部署示范项目的数量和规模取得一定增长，虽然投资有限，但技术取得很大进步。目前由中国海洋石油集团有限公司在南海组织实施的我国第一个海上封存示范项目已完成相关技术攻关，并于 2023 年投产。

3. 海洋新能源

目前我国新能源和可再生能源快速发展，核电领域已开发出具有自主知识产权的先进压水堆核电技术，第三代核电技术和装备实现了“走出去”；天然气水合物勘探开发技术处于国际先进水平；风能、光伏、太阳能等可再生能源装备产品和技术在全球也处于先进水平。我国能源技术创新发展取得瞩目成就，光伏发电装机规模连续位居世界首位，海上风电新增装机容量全球领先。自主研发建设的世界首个多端柔性直流输电工程在广东南澳示范成功，白鹤滩水电站百万千瓦水轮机模型再次打破世界水电装备制造新纪录，自主研发的百万千瓦级三代核电“华龙一号”和 CAP1400 的主要技术和安全性能指标均达世界领先水平。海洋天然气水合物试采在产气总量和日均产气量方面都创造了新的世界纪录。在能源生产侧，以光伏和风电为代表的非化石能源成本不断大幅度下降。储能技术的不断发展也将使能源系统对大规模清洁能源消纳成为可能。未来随着光伏、风电、储能、氢能和温差能等海洋能成本的进一步下降，能源供应结构都将发生深刻变化。清洁能源在一次能源中的比重将大幅提高，甚至未来可能成为主导能源。

（二）海底矿产资源勘查与开发

1. 滨浅海矿产

国外滨海矿产资源的采集规模较大，以滨岸区域为主，且技术相对成熟。国际上开采滨海砂矿的国家主要有澳大利亚、泰国、印度、马来西亚、南非等。澳大利亚的钛锆砂矿储量居世界首位，其以澳禄卡资源贸易有限公司（Iluka Resources Ltd）等为主要开采力量，开采技术也最为先进。2023 年，澳大利亚生产的金红石占世界产量的 35.8%（黄腾飞，2024）、锆英石和钛铁矿约占 50%。从 20 世纪 50 年代开始该国的滨海（岸）采矿经历了用工程机械进行干采到利用采矿船进行湿采的发展过程。作为世界上主要的产锡国之一，目前泰国的锡总储量约 1.5×10^{6} t，且以浅海沉积型砂锡矿为主。泰国 98%的锡产量来自滨海砂锡矿的开采，其中 70%来自普吉地区的采砂船。

我国滨海砂矿在勘查方法和开发利用上虽取得一定成效，但由于起步较晚，同世界上一些先进的开发国相比还存在较大差距，主要表现在：①砂矿调查范围目前仍侧重于近岸，水下调查仅在少数单位进行试验。调查范围限于浅水域（10—25 m 水深）。在大陆架区进行的综合地质调查中所涉及的重砂部分，其资料处理不统一，也不足以对该资源做出评价。而国外一些先进的开发国，其调查范围已到大陆架区 50—100 m 水深，最深达 700—1200 m，且采用的技术手段先进。②生产能力低。目前国内砂矿生产仅限于滨岸，为中小型，多数采矿场年产量徘徊在几千吨到上万吨，而国外一些生产大国（如澳大利亚、印度和东南亚一些国家）的采选厂，年产精矿量多年保持在几十万吨到上百万吨范围内，其开发范围不仅在滨岸，还扩大到水深 20—30 m，最深达 70 m。③在开采手段上，我国以土法生产为主，兼用机械、半机械化采矿工具。而国外一些先进生产国，多采用一些设备齐全、机械化程度较高的挖泥采矿船，用人少、效率高，使生产成本大大降低。④选矿工艺较简单。国内多数生产厂家采用粗选（混合）和精选（分离）两道工序，前者在采场完成，后者运到选矿厂进行分离。而国外一些先进生产国新建立的选矿厂，工艺流程先进，自动化程度高，电磁分离、静电分离以及计算机控制的选矿系统都得到充分应用，有的国家还能在采矿的同时，直接在采矿船上进行选矿和分离（孙岩和韩昌甫，1999）。

另外，我国在相关产业立法规范尚不健全，导致海砂开采产业秩序混乱，从开采可行性论证到具体开采过程中都存在不小的漏洞，海砂盗采现象时有发生，并且屡禁不止，严重者已使矿产赋存地带生态遭到严重破坏。

2. 大洋海底矿产资源

20 世纪 80 年代起，我国已开始在国际海底区域开展深海矿产资源勘查活动，在 1991 年成为世界上第五个先驱投资者，并于 2001 年在东太平洋拥有 7.5 万 km^2 的多金属结核勘探合同区。我国目前在国际海底区域拥有“三种资源，五块矿区”，是名副其实的国际海底活动大国。基于“持续开展深海勘查，大力发展深海技术，适时建立深海产业”的国家方针，我国多金属结核、富钴结壳、多金属硫化物等多种海底资源的开发已进入综合勘探研究阶段。特别是，经过多年的不懈努力，我国海底矿产资源勘探评价开发工程科技体系建设已初见成效。

首先，我国在海底大规模成矿、深部成矿过程和机制、小尺度微区成矿机理等方向取得了重要认识，发表了一系列著作和重要论文，初步建立了深海矿产资源成矿理论体系，有效支撑了国际海底多金属结核、富钴结壳和多金属硫化物圈矿方案申请。一系列深海勘探技术装备的研发有效支撑了成矿理论创新和勘探评价技术体系的建立。例如，以载人深潜器、有缆水下机器人和无缆自治机器人组成的深海“三龙”勘查装备体系，使得我国具备了深海矿区执行精细和自主勘查的能力。以海床基中深钻、近底磁法、电法和地震等为代表的深海矿产三维精准勘探技术方法和装置的研发和应用，为开展深海多金属硫化物、富钴结壳和深海软泥等具有三维展布特征的矿产评价提供了有效手段。

其次，在深海矿产资源开发技术体系科技攻关方面，备受关注的深海多金属结核采矿技术取得重大突破。2021年，深海多金属结核采矿试验队先后完成了100 m级、300 m级和1000 m级海试任务，实现了世界首例“自行式海底集矿+管道提升输送”的整体采矿联动试验（赵建东，2023）。在深海采矿平台方面，2018年，由福建马尾造船公司承建加拿大鹦鹉螺矿业有限公司的全球首制MW301-1#227 m深海采矿船在连江县粗芦岛出坞下水（林玲和张子晨，2018）。在水下开采装备方面，深海采矿研究对象已从单一矿种扩展到三大矿种协同研究；技术深度方面已从关键技术突破转向系统集成、海上试验及商业试开采；我国研制了多金属结核海底集矿车和世界首台富钴结壳规模取样机，先后成功完成了输送系统的海上试验、514 m水深海域采矿海试和2000 m级水深规模取样试验，突破了深海采矿总体技术、海底稀软底质行走、海底矿物采集、水下长距离多相流矿物输送等一系列关键核心技术瓶颈。2024年，由上海交通大学自主研制的深海重载作业采矿车工程样机“开拓二号”成功完成海试，连续成功完成了5次下潜，其中4000 m级深度1次、2000 m级深度4次，采矿车分别达到了1802.4 m、1929.9 m、1955.8 m、2048.5 m和4102.8 m等深海海底，创下了我国深海采矿领域的6项纪录，技术性能达到国内领先、国际先进水平（许婧，2024）。

此外，我国在深海矿产资源开发环境与安全技术领域也取得了重要进展。研发和采用高效、安全、低碳和环境友好的新工艺、新技术和新设备，符合采矿活动国际规制的要求，同时有助于深度参与制定并形成有利于我国利益需求的国际规则和环境标准体系。面向上述需求，在“十三五”国家重点研发计划“深海多金属结核采矿试验工程”项目的支持下，中国对多金属结核模拟开采试验中产生的羽状流开展数值模拟，初步构建深海矿产开采羽状流理论模型，并于 2021 年深海采矿联动试验中开展环境监测。目前，中国尚未针对深海采矿作业活动开展环境管理和环境修复工作，需进一步开展相关研究。

尽管我国海底资源勘查开发技术取得了长足发展，但与世界先进水平相比，仍存在较大差距。目前大量的试验仍为原理或样机试验，持续时间较短，对稳定性、可靠性、监测预警以及应急处理的要求不高，针对商业化的开采，中国仍需在技术方案制订、关键设备研发、系统可靠性、环境影响与修复等诸多方面开展进一步的深入研究与验证。

海底矿产资源勘探开发最终需要进入矿产和能源消费领域，涉及海底资源勘查、开发、生产、环境评价以及矿产外输等重大问题。在此方面，我国距离产业化和商业化还有很大差距，对工程科技的需求包括关键技术突破、装备研发和工程应用示范三个方面，需要形成海底矿产资源找矿预测与评价技术体系、海底高精度勘探技术体系、深海矿产资源开发体系、深海环境生态观测技术体系等，并依托关键技术突破，研发具有自主知识产权、高效和精确的海底资源勘探、开发及环境评价技术体系，逐步提升装备研发能力水平，实现装备及技术输出，最终在海底资源勘查开发方面形成产能，引领和带动商业化的勘探开发。

国际上，深海采矿领域在 20 世纪初就已经开始了相关的技术和研究工作，并在进入 21 世纪以来，在全球矿产资源需求不断增长的背景下，深海采矿技术研发投入和产出进入了快速增长期。

基于中国工程院战略咨询智能支持系统（Intelligent Support System for Strategic Studies，iSS）的中国工程科技知识中心（China Knowledge Centre for Engineering Sciences and Technology，CKCEST）知识发现（KnowledgeGO，KGO）搜索，对 2000—2023 年深海采矿领域 300 余条专利数据及 1100 余篇期刊文献进行分析，从全球来看，深海采矿领域的研究论文和专利申请在 2010 年前后和 2021 年前后出现 2 个产出峰值，呈现出明显的产业驱动科学的态势；然而近几年，国际在深海采矿领域的研究与专利投入有所降低（图 3-4）。

图 3-4　深海采矿领域期刊文献分析

传统发达国家（以美国为代表）在研究论文、专利申请和使用方面均领先全球（图 3-5），我国则在研究论文方面领先其他国家，专利申请和使用方面明显落后，也体现了我国与国际在深海采矿领域的发展模式上的差别，我国在产业推动和技术应用方面有着明显的差距，国家政策引导的特征相对明显。

在深海采矿领域，船舶平台与采矿系统是目前深海采矿领域的研究热点：①与采矿船相关的装备技术包括船舶导航、能源供给、水体交换等；②与采矿系统相关的设备系统包括采集系统、提升系统、动力泵、控制系统等。与此同时，随着国际社会对深海采矿潜在环境问题的关注不断升温，生物多样性、遥感监测、环境基线、环境变化等研究也逐渐成为深海采矿领域的研究热点（图 3-6）。

我国在以上相关的领域技术研究工作与国际差距不大，但与专利申请和使用相关的产业发展相差较大。同时，我国相关技术专利主要集中在材料方面，而更加核心的集成装备、系统设计等方面缺乏严重。

综上，我国在深海采矿领域的研究水平与国际相差不大，但与产业应用相关的专利等差距明显。我国在深海采矿的船舶平台、深海材料等方面有一定优势，在采集系统、提升系统、环境保护等核心技术领域劣势明显。

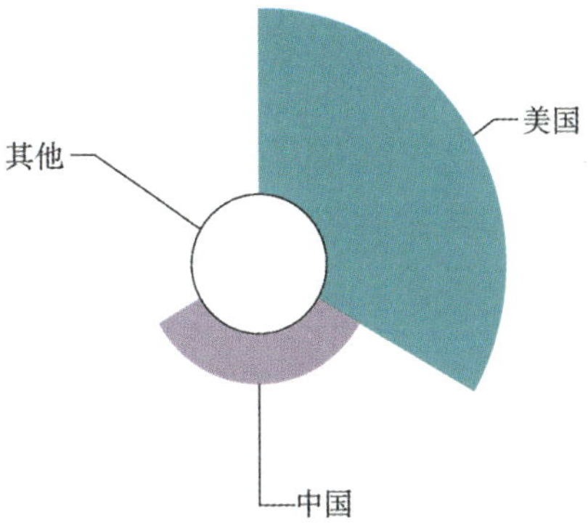

（a）深海采矿领域相关研究主要国家态势分析情况

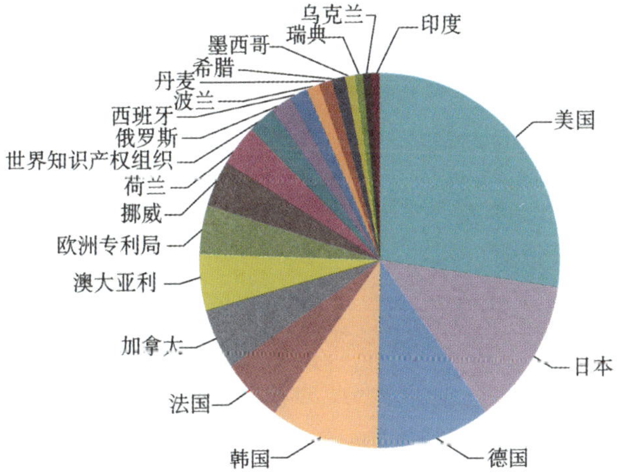

（b）深海采矿领域专利优先权国家和机构

图 3-5　深海采矿领域相关研究主要国家态势分析情况及专利优先权国家和机构分析

图 3-6　深海采矿领域期刊文献关键词云分析

（三）海洋生物资源探查及开发

传统发达国家（以美国为代表）在碳汇渔业相关研究方面均领先全球（图 3-7）。中国海洋渔业走出了一条有中国特色的“以养为主”的渔业发展道路，是世界上唯一养殖产量超过捕捞产量的国家，引领了世界渔业增长方式和生产结构的转变。一批优良品种培育和养殖技术的相继成功，丰富和优化了养殖品种结构，推动了相关产业的发展；工厂化养殖和抗风浪网箱等装备技术快速发展，促进了捕捞渔民的转产转业，拓展了海水养殖业的发展空间；同时，以健康、生态为主要目标的标准化养殖技术得到发展，初步建立了疾病监测与防控技术体系，推广了多种健康养殖模式，环保型、功能性饲料得到应用，无公害、绿色产品逐渐增多。

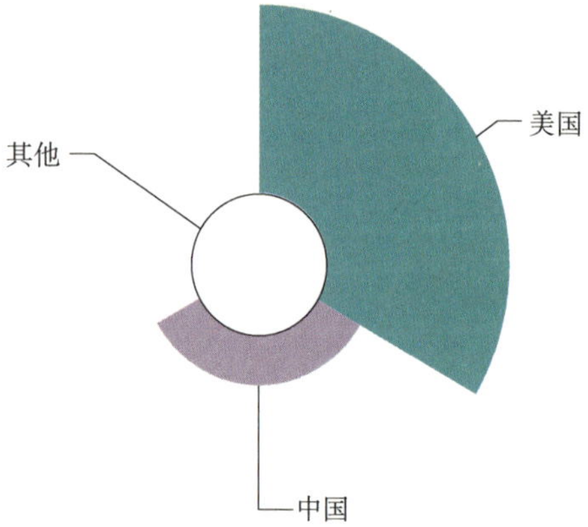

图 3-7　碳汇渔业相关研究主要国家态势分析情况

我国碳汇渔业的提出与发展较为及时，目前研究投入在世界前列。为进一步发展和推广低碳甚至碳汇的渔业发展模式奠定了基础，可为将来实现“双碳”目标贡献力量。

我国自 1985 年开始发展远洋渔业以来，经过几十年的努力，远洋渔业技术发展迅速。渔船更新力度加大，自主设计与建造中、大型专业化远洋渔船能力得到提升。远洋渔业作业方式多样化，具备了海洋捕捞、海上加工补给运输、基地配套服务一体化的比较完整的现代远洋渔业生产体系。远洋作业船队总体规模居世界前列。作业范围不断扩大，从近海走向公海，走向深蓝。作业船队遍布太平洋、大西洋、印度洋，更进入了南冰洋开发南极磷虾资源。经过 10 余年南极磷虾渔业发展，我国磷虾渔业产量仅次于挪威，并积累了极地渔业开发经验，且保持了良好的国际履约记录。

（四）海洋与极地环境探测与装备

1. 空天地海一体化监测和通信

1）世界总体水平

从 1991 年全球海洋观测系统成立以来，世界各国开始将海洋监测作为海洋发展的战略重点。在这之中，美国海洋监测系统建设最为迅速，从最初缅因湾海洋观测系统（Gulf of Maine Ocean Observing System, GoMOOS）、墨西哥湾沿岸海洋观测系统（Gulf of Mexico Coastal Ocean Observing System, GCOOS）等的建立，并最终整合到由美国国家海洋和大气管理局共同领导的集成海洋观测系统（Integrated Ocean Observing System，IOOS），形成了“业务化”的近岸海洋立体观测体系。实现了从初期对赤潮、生态、海平面和表流层四个方面的监测，到为航运、渔业、海岸带管理等提供相关的应用服务。

美国在完善现有监测体系的同时，又对海洋科学的发展提出了新的规划。2011 年美国发布的《2030 年海洋研究和社会需求的关键基础设施》报告中，分析了 2030 年海洋科学前沿可能遇到的重大科研问题，确立了“通过利用更强大的传感器和平台，扩展在多个空间和时间维度的自动监测能力”“建立可广泛使用的虚拟数据中心”的解决方案。2018 年，美国国家科学技术委员会（National Science and Technology Council，NSTC）发布的《美国国家海洋科技发展：未来十年愿景》的报告中，明确了 2018—2028 年海洋科技发展的迫切研究需求与发展机遇，以及推进美国国家海洋科技发展的目标与优先事项，将“现代化的基础设施研发”“提高海洋事务感知能力”“提高监测和预测建模能力”

等作为具体目标，明确了提升海洋监测能力的重要性。

除此之外，加拿大、欧洲、日本、新西兰等沿海国家和地区也分别构建了“海王星”海底观测网、欧洲海底观测网、区域新型实时地球监测网等区域海洋立体观测系统，均由立体观测网络与后端集成数据应用中心构成，为保护海洋生态环境、海洋动力机制分析、海洋安全和海洋经济发展等提供信息保障。

2）我国总体水平与优势分析

总体看来，中国海洋技术自主研发能力和创新能力在不断提高，实现了独立发射高端海洋卫星，建立自己的海洋数据库，为卫星、航空、临近空间/高空、海基、地基进行动态组网的建设和发展打下了基础，使实现立体的一体化的海洋监测通信网络成为可能。同时由于数据收集能力的提升，海洋分析和海洋数据可视化能够快速发展，相关的海洋业务增多。海洋产业开始丰富，逐步缩小了与发达国家的海洋差距。现阶段我国优势如下：

（1）卫星传感器达到国际先进行列，开启了海洋监测的新征程，为未来组网提供了数据支持和平台支持。海洋一号、海洋二号，以及高分系列海洋卫星的成功研制、发射与组网，使中国的卫星海洋监测摆脱了对他国的依赖，推动了自主海洋产业的快速发展，并且搭载在卫星上的光学微型传感器达到了世界先进水平，已经有能力建立自己的海洋卫星数据，为海洋数据业务化打下基础。

（2）自主研发的先进光学卫星传感器，实现高密度、多要素、全天候的海洋表面数据观测。2018 年 9 月 7 日，搭载 10 谱段海洋水色水温扫描仪、4 谱段海岸带成像仪、紫外线成像仪、星上定标光谱仪和船舶自动识别系统的海洋一号 C 卫星发射。空间分辨率提升到了 50 m，幅宽更是扩展到了 1000 km，实现了每天全海洋空间覆盖的海洋水色资料收集，并与之后 2020 年发射的海洋一号 D 卫星组成卫星星座，提供上午和下午全天的数据，降低了由上午太阳耀斑、云层覆盖以及观测区域丢失带来的影响（刘建强等，2023）。这一组卫星主要分析和提供海水光学特性、叶绿素浓度、浊度、海表温度等数据，为海洋生态指数构建提供日数据支持，应用于赤潮预报、初级生产力分析等。海洋二号系列卫星则主要观测海洋物理要素，对海洋动力环境信息进行采集。这两个系列以及高分系列卫星共同实现了海表面生态和物理环境特征的高时效性采集，提高了海洋监测能力，为空天地海一体化建设提供了可行性。

（3）海基和地基观测手段丰富，无人机、无人遥控潜水器（remotely operated vehicle，ROV）等新的观测技术也在迅速发展，为实现高时效性、全覆盖、精细的数据观测提供了支持。多年的海洋调查和多样的调查平台、监测手段提供了丰富的海洋基础数据。浮标潜标在我国海域有着广泛的应用，尤其是我国自主研发的“海洋动力环境多尺度同步观测潜标”和“深海实时通信潜标”实现了百分之百的成功作业率，提供了大量的时空连续性海洋数据。我国的海洋调查船也经历了技术的发展：从小吨位到大吨位，从沿海地区到深海大洋，最终到极地。深海调查也达到世界先进水平，“蛟龙”号潜水器在太平洋结壳区、印度洋热液硫化物区、马里亚纳海沟等海域进行了海底锰结核、富钴结壳、热液硫化物、海洋环境、海洋生物多样性等方面的精细化调查。自主水下航行器、水下滑翔机等无人机技术也在迅速发展，做到了快速自主的数据收集。将海洋卫星、航空、临近空间/高空、海基、地基动态组网实现“透明海洋”，已成为可实现的目标。

2. 海洋产业数字化转型

1）世界总体水平

为实现海洋信息共享和服务，满足各成员国对海洋信息产品和资源的需求，加快海洋信息化建设，联合国教科文组织政府间海洋学委员会（Intergovernmental Oceanographic Commission，IOC）组织各成员国的地区海洋数据中心和责任国家海洋数据中心（Responsible National Oceanographic Data Centres，RNODC）、美国国家环境信息中心（National Centers for Environmental Information，NCEI）共同发布了国际海洋资料与信息交换计划，并由国际海洋数据和信息交换委员会（International Oceanographic Data and Information Exchange，IODE）统筹国际海洋数据交换的协调。北大西洋和邻近海域涉及海洋污染防治、渔业管理等方面的数据工作主要由国际海洋勘探理事会（International Council for the Exploration of the Sea，ICES）负责；各国气象中心数据交换由世界气象组织协调；欧洲范围内环境信息数据由欧盟环境部负责；全球海洋观测系统的推进主要由英国等欧洲国家负责。

美国、澳大利亚等沿海发达国家一直特别重视海洋信息业的发展。美国综合海洋观测系统、欧洲海洋观测数据网络（European Marine Observation and Data Network，EMODNET）的持续建设就是典型代表。其中，美国综合海洋观测系统是由美国国家海洋和大气管理局负责牵头，联合海军、海岸警卫队、国家航空航天局（National Aeronautics and Space Administration，NASA）、工程兵团等17家联邦机构的基于现场观测的多层次业务军民两用综合性系统。以“生产、整合、传播高质量的海洋信息，满足国家安全、经济和管理的需求”为使命，美国综合海洋观测系统由11个区域协会组成，提供更多的观察、区域性知识和关键技术能力帮助，业务范围覆盖包括五大湖、加勒比海、太平洋岛屿在内的海洋国土（中国海洋观测，2023；薛明媚和王金平，2023）。

2）我国总体水平与优势分析

与海洋强国相比，我国海洋信息体系建设发展仍较为缓慢。党的十八大以来，国家大力实施“建设海洋强国”战略，并出台了《全国科技兴海规划纲要（2008—2015年）》，明确提出要构建包括海洋信息服务平台在内的科技兴海平台，加快海洋信息产品开发。2009年，国家海洋信息中心正式加入大洋钻探计划（Ocean Drilling Program，ODP），成为该项目西太地区节点；2013年，国家海洋局就大气与海洋数据同化科学研发合作问题与美国国家海洋和大气管理局实验室签署了合作备忘录，加强了与全球海洋信息资源的共享与合作，推进了海洋信息化的进程。为推动“21 世纪海上丝绸之路”和建设“海洋强国”，“智慧海洋”工程被正式列入了我国“十三五”发展规划，《“智慧海洋”工程建设方案》也经国务院正式批复。中国科学院南海海洋研究所、国家海洋信息中心、国家海洋局先后建成了涵盖海洋基础数据、地理数据、产品信息、涉海专利、科技成果等数据信息在内的海洋科学知识在线平台、海洋信息网、海洋科学数据共享中心和全国科技兴海信息服务平台等大型海洋信息化服务平台。

现阶段我国优势如下。

（1）先进技术支撑海洋信息化。目前我国已在深海技术、信息技术、航空航天等前沿科技领域处于世界领先水平，其中无线 4G/5G、云计算、大数据、虚拟化技术等高新信息技术已走在世界前列；在海洋工程产业链中，设计、研发、建造、配套、材料、总成、总包和服务等多方面开始进军高端市场，为信息装备与海洋工程的跨界融合提供了技术支撑。

（2）我国海洋信息化具备“后发优势”。我国在海洋信息化建设方面虽起步较晚、相对落后，但我国在总体设计和工程建设中存在着“后发优势”，通过学习和借鉴国外成功经验，吸取失败教训，采用最新海洋和信息科技，发挥我国集中力量办大事的优势，必将实现独立自主的海洋信息化建设，实现弯道超越。

（3）国家战略布局及国际支持。我国的“21 世纪海上丝绸之路”倡议和“海洋命运共同体”理念，受到大多数海洋国家的积极支持。其中，世界海洋大国葡萄牙与我国建立蓝色伙伴关系，区域海洋国家尼日利亚、巴基斯坦、柬埔寨等纷纷与我国加强海洋基础设施合作。阿拉伯国家对“21 世纪海上丝绸之路”倡议表达了极大的热情和合作愿望，科威特、阿曼等国已在规划、建设沿海经济特区对接“21 世纪海上丝绸之路”；在中阿双方各层次互访中，共建“一带一路”是双方讨论的中心话题，双方在海洋信息新型基础设施建设和产能转移方面开展务实合作。

（五）海水资源和海洋能综合利用

我国海水淡化技术经过 50 多年的发展已基本成熟，现已成为世界上少数几个掌握海水淡化先进技术的国家之一，掌握蒸馏法和反渗透法两大主流海水淡化技术，技术经济日趋合理。设备造价比国外降低了 30%—50%，产水成本已接近国际先进水平，达到每立方米 6—8 元。我国海水淡化产水能力已从 2002 年的不足 3 万 t/d 提升到 2012 年的 77.4 万 t/d。在海水循环冷却方面，经过“九五”“十五”“十一五”科技攻关，已全面掌握海水循环冷却关键技术，建成百吨级、千吨级、万吨级和十万吨级海水循环冷却示范工程。在海水提钾方面，在国际上率先实现了海水提钾工业化，海水提钾生产能力约 5 万 t/a。在海水提溴方面，目前溴素的生产方法主要为空气吹出法和水蒸气蒸馏法，我国空气吹出法占全国溴素生产能力的 90%以上。在海水提镁方面，初步构建了具有自主知识产权的浓海水提镁及镁系物深加工的技术、装备、标准体系（科技部和国家海洋局，2015；柳文华和苏仁琼，2015）。

海洋能综合利用方面，我国运行发电潮汐电站有浙江江厦潮汐电站、海山潮汐电站等，截至 2024 年总装机约 4350 kW（国家能源局福建监管办公室，2007；国家能源之声，2024；张保淑，2018）。我国在波浪能发电领域取得了显著的进展，特别是在 2023 年，我国自主研发的首台兆瓦级漂浮式波浪能发电装置“南鲲”号在广东珠海成功投入试运行，标志着我国在兆瓦级波浪能发电技术领域真正迈入了工程应用的新阶段。2024 年 11 月，国家海洋综合试验场（珠海）首批启动的海上试验涵盖“南鲲”号兆瓦级波浪能发电平台（央视新闻，2024）。“南鲲”号的成功运行，不仅展示了我国在波浪能发电技术上的领先地位，也为全球波浪能发电技术的发展提供了宝贵的经验和参考（宁玉瑛和朴馨语，2023）。潮流能转换与发电系统的设计与性能分析方法研究、关键技术和试验装置研发等方面取得了长足的进步。温差能技术当前仅仅完成了实验室原理试验。海洋风电技术已基本成型，但在基础建设、并网接线、设备安装等方面的经验不足。

（六）海洋环境安全保障

2010 年 11 月 10 日，欧盟委员会在发布的《能源 2020 战略》中提出海洋能源是“潜力巨大的一种能源途径”。2012 年 9 月 13 日，在欧盟委员会的《蓝色增长战略》中，海洋能源领域成为“蓝色经济”的五个发展领域之一，有助于增加沿海地区的就业机会。该战略还系统阐述了海洋及关联产业对于欧洲当前经济复苏以及长期可持续发展的重要意义。2013 年 5 月 2 日发布的《能源技术与创新公告》将海洋能源确定为研究与创新的重要领域之一。2014 年 3 月，欧盟委员会在其“大西洋区域行动计划”中强调要大力开发海洋能源，鼓励各国政府研究如何利用欧盟结构性投资基金以及研究基金或欧洲投资银行融资来支持海洋能源行业的发展。2014 年 5 月 8 日，欧盟委员会又推出了《“蓝色经济”创新计划》。该计划的颁布秉承了《蓝色增长战略》提出的促进海洋资源可持续开发利用、推动经济增长和扩大就业的目的。此外，《“蓝色经济”创新计划》的积极意义还表现在扩大全球市场并维持欧盟在相关海洋产业的全球领先地位。

美国在海洋绿色开发方面的态度则相对保守。不过，虽然一直没有出台国家层面的发展目标，但《2005 年能源政策法案》（The Energy Policy Act of 2005，EPAct2005）等一系列总统行政命令表明了其发展可再生能源的决心，海洋新能源是其中一个重要的发展领域。2008 年美国能源部发表声明，到 2030 年仅海上风能的发电量就将占到可再生能源总发电总量的 1/6（麻常雷等，2017）。

英国在海洋能源绿色开发方面制定了详细的发展规划。海上风能的发展被分为 3 个阶段，第 1、2 阶段的开发，主要是集中在水深 20—30 m 的浅海海域，第 3 阶段则主要开发水深超过 60 m 的深海区域（麻常雷等，2017）。《海洋能源行动计划 2010》则旨在绘制覆盖全国的海洋能 2030 年发展愿景，制定适合的法律框架，保障资金来源，协调跨部门、跨产业的合作参与。通过这些计划的制定实施，规范和鼓励了海洋新能源开发活动的发展。

日本建立起了完善的综合性海洋绿色开发体系，明确了专门的管理机构。早在 20 世纪 70—80 年代，日本就先后成立了日本国立研究开发法人海洋研究开发机构、海洋深层水利用协会和新能源产业技术开发机构（The New Energy and Industrial Technology Development Organization，NEDO）从事与海洋相关的技术开发和推广、总体发展规划的制定，规范海洋新能源开发活动。2008 年又组建了日本海洋能源协会（Ocean Energy Association Japan，OEAJ），从事海洋新能源开发研究，以降低发电成本、加速商业化运营为主要目的。

中国已经在如下方面取得重要进展：①技术与装备成果纷呈。中国科学院广州能源研究所、中国海洋大学、山东大学、武汉大学、集美大学、自然资源部天津海洋中心等单位都有自己的波浪发电装备“代表作”；浙江大学、国电联合动力技术有限公司、哈尔滨电机厂有限责任公司、东北师范大学和杭州江河水电公司都有自己的潮流能发电装备实海况发电之作；清华大学、中国电建集团华东勘测设计研究院有限公司和江厦潮汐电站的潮汐发电装备系统长期商业运行更是闻名遐迩。②创新性与高效性成果突出。如“鹰式”高效截止型波浪能发电装置、基于形状优化的振荡水柱式波能转换装置（效率达 20%以上）、主动共振式波能获取新方法、大长径比半直驱双向潮流发电新机型等。③系统可靠性与成熟度增强。如浙江大学和哈尔滨电机厂等单位开发的潮流能发电装置，经过多次海上试验，实现了从概念设计到长期稳定运行的转变，显著提升了设备在不同海况条件下的适应能力和耐用性；江厦潮汐电站的潮汐发电系统经过多年运行，展示了其在长期商业运行中的可靠性和成本效益。④建成与在建实海况测试场。包括浙大摘箬山岛漂浮式潮流能试验电站、三峡集团葫芦岛潮流单桩式测试场、斋堂岛综合试验场、威海综合试验场、集大1—3号波浪测试平台、大万山岛波浪试验场等。⑤产业化与市场化前景展现。装备原理和设计出发点更加切合实际，更多考虑了资源情况和应用场景。出现产学研用结合实例，如南方电网、浙大摘箬山岛供电和测试服务案例，均在综合经营模式下实现盈利或良性运转。

二、海洋领域短板和原因分析

（一）海洋能源开发

1. 海洋传统能源

深水/深层油气勘探目前和国外的差距主要体现在：关键设备国外进口比例大，地球物理、测井录井等“卡脖子”关键技术有待进一步提高；优质有效海相烃源岩识别与评价缺乏有效手段，深水深层有效储层识别与评价技术处于起步阶段，隐蔽圈闭识别与评价技术尚不完善，盐下构造落实与精细评价技术有待提高。油气资源开采难度的逐步加大，深水及深层勘探开发、海上低渗油气田有效开发、非常规稠油及油砂有效开发等方面，技术和经验有待加强，在海外风险勘探及深水工程作业方面技术经验积累不足；对深水、低渗、稠油、智能化等领域相关技术提出了更高的要求和更多应用的空间。我国深水钻完井差距主要表现在深水复杂井设计及作业技术、关键核心装备、高性能井下工具及核心软件、数字化智能化等方面，核心原因在于国内基础材料、电子元器件及其加工制造业技术成熟度尚无法满足工业需求。我国未建立起完备的深水海洋工程产业链和技术体系，关键设备国产化率低，关键部件仍受制于人依赖进口；深水油气田的安装和运维经验还比较缺乏，深水海底管道和立管铺设安装技术刚起步；现有工程设计能力、设备状况和作业能力等还不能完全满足开发深海油气资源的要求。国内极地工程、海上页岩油等多处于起步阶段，缺少顶层规划以及实际项目支持。

2. “双碳”目标

我国CO_2的地质利用/封存技术及产业发展面临诸多挑战：一是对实施CO_2驱油或封存的作用机理认识不充分，资源评价不成熟。CO_2驱提高石油采收率技术面临对高密度高黏度原油的强化采油增产效果不理想等；CO_2驱替煤层气技术存在全球范围内大规模试验不多且试验结果差异大、对该技术的适用条件认识不充分等问题；海洋CO_2水合物多相态固化封存面临规模化注入和水合物可控、快速生成技术难题。二是对CO_2注入地下后的监测难度大、风险预测困难。CO_2注入后监测、废弃井泄漏防控与防腐技术尚不成熟；海上环境与工况复杂，常规地面监测手段无法实施，针对海上特点实现地下CO_2分布和运移的有效监测和解释以及对储层和盖层的潜在泄漏通道预测技术缺乏。三是地质利用及封存过程中的工程关键技术没有突破，造成技术无法大规模推广和应用。CO_2捕集技术成本较高，适用于海上平台的紧凑型海上CO_2捕集分离技术缺乏。大规模管网输送特别是海上管网输送研究尚不成熟。适用于海上CO_2注采的井组布置技术欠缺。四是商业化环境建设滞后。中国的CCUS总体处于技术研发阶段，即将进入示范阶段，但商业化战略框架尚不清晰，也没有出台支持大规模示范项目的政策。

3. 海洋新能源

关键技术未成熟、产业结构不健全、标杆电价未出台、补贴机制待构建是阻碍我国海洋能走向商业化应用的四大主要瓶颈。目前我国潮汐能、潮流能、波浪能总体上开发利用规模较小，推广应用能力不足，示范装置的海上抗风险能力还有待检验。与国际先进技术相比，我国海洋能开发利用存在的差距主要体现在基础研究相对不足、示范应用规模较小、公共服务平台建设滞后等方面。从产业链发展上来说，海洋能没有形成商业化应用和成熟的产业。相比之下，风电、光伏已经实现了产业化，特别是陆地光伏、风电已经实现了平价。但海上风电特别是深远海风电、海上光伏还处于研究阶段。对于深远海风电而言，新型浮式基础设计、一体化分析、新型系泊系统、一体化海上运输及安装等关键技术还需突破，深远海浮式风电发电成本较高，尚未实现平价开发门槛。主要原因为：一是设计方采用保守的设计方案确保安全性，导致风机基础投资成本较高；二是受抢装潮的影响，项目快速开工使得测风塔建设标准和测风数据的准确性尚需验证，影响项目技术经济评价的准确性和投资收益；三是关键部件依赖进口，导致风机造价降低困难；四是海上风电施工装备水平与能力存在不足，能够吊装轮毂高度更高的大机组、面向深远海作业的施工船舶少；五是高效运维船只和运维经验不足导致运维成本较高，影响项目收益。对于天然气水合物开发而言，目前全球都面临试采产能不高、试采持续时间不长等难题，距离商业化开发的经济门槛尚有一段距离。

（二）海底矿产资源勘查与开发

1. 滨浅海矿产

我国海洋矿业既是传统产业，也是新兴产业，近年发展速度很快，前景广阔，也日益受到我国政府和社会各界的广泛关注。然而，目前我国海洋矿业还存在不少亟待解决的问题，主要表现在以下几个方面：①总体规模小，资金不足，科学研究与技术开发落后，装备较差，国际竞争力弱。例如，我国滨海砂矿开采从 20 世纪 80 年代才逐渐开始，到目前为止，滨海砂矿累计开采量仅占探明储量的 5%，在海砂的开采利用方面，我国仍与国际先进水平有较大差距。另外，我国海洋矿业总体规模偏小，在我国海洋经济中占的比重相对较小。②总体开发粗放，无序开发与环境污染现象仍然严重。以滨海砂矿为例，由于已探明资源比较分散，大型砂矿比较少，加之采矿、冶炼技术水平不高，普遍存在着采富弃贫现象，暂时不能采选的有用矿物多被废弃。同时，由于乱挖乱堆海砂，海滨自然景观被破坏，甚至引起砂灾。③海洋基础地质勘探落后，造成海洋矿产开发后劲不足。从 20

世纪 50 年代末起，我国开始了海洋综合普查性质的海洋区域地质调查及综合性地质调查工作。然而，截至目前，我国对专属经济区和大陆架的勘测范围还不到一半，大多数海域尚未进行多波束的全面覆盖，1∶100 万小比例尺海洋区域地质实测制图尚未开展，大部分区域缺乏实测的基本地质图（1∶20 万至 1∶50 万）。

2. 大洋海底矿产资源

我国深海采矿领域的起步较西方国家晚，21 世纪以来在国家海洋强国的政策指引下，我国深海矿产资源的勘探工作发展迅速，在国际海域申请多个包括多金属结核、热液硫化物等多种资源类型的勘探合同区，但深海采矿开发在 2012 年才真正进入我国重点发展的领域方面，取得了阶段性成果，同时在集矿设备、提升系统、环境保护等核心技术领域与发达国家仍有一定差距，诸多基础科学问题和工程技术问题有待进一步地解决；在相关国际规章、规则、标准制定等方面话语权较弱，难以深度参与，缺乏引领作用。俄罗斯、欧盟、日本、印度、韩国等国家和组织均开展了采矿车海试及海底导航、行走、采集试验，韩国、俄罗斯等国还完成了输送系统海试。苏联莫斯科地质勘探学院于 1990 年开展水力提升系统海试，水深为 79 m。2009 年，韩国地质资源研究院（Korea Institute of Geoscience and Mineral Resources，KIGAM）完成 100 m 水深输送系统海试。2015 年，韩国海洋科学技术院和韩国船舶与海洋工程研究所进行了 1200 m 水深的水力提升试验。2020 年，日本石油天然气金属矿产资源机构［（Japan Oil, Gas & Metals National Corp，JOGMEC，现已改名为日本金属和能源安全组织（Japan Organization for Metals & Energy Security）］研制的采矿车在水深 1600 m 处完成了富钴结壳试采。2017 年，比利时 GSR 公司完成了 4571 m 深海采矿车的高水平海试以及海试期间较为系统的环境影响监测工作。2021 年，比利时 GSR 公司在水深 4500 m 处完成了履带式采矿车行走试验。同年，印度国家海洋技术研究所（National

Institute of Ocean Technology，NIOT）在水深 5270 m 处完成了采矿机移动和机动性测试，目前该机构正在建造 6000 m 级载人潜水器“Matsya 6000”（李维科，2023）。这些采矿试验和配套的环境影响监测带动了相关关键技术的集群式突破、积累了大量实际监测数据，从而支撑西方国家掌握了深海采矿相关重要技术领域的话语权。

另外，我国深海采矿领域多以政策引导的模式发展，科技攻关的支持力度与渠道相对较少，缺少类似于国际上的产业引领和产业联盟推动效应，导致我国在深海采矿领域的应用型和原创性专利申请和使用较少，产业链核心技术创新缺失，但部分深海采矿技术及核心系统已实现突破，并完成深海开采系统的千米级联合海试。2021 年，上海交通大学完成深海重载作业采矿车海底智能行进控制试验。同年，大连理工大学、长沙矿冶研究院等科研机构联合研制的深海采矿智能化混输装备系统完成了 500 m 水深海试（李维科，2023）。

（三）海洋生物资源探查及开发

我国现代渔业建设到了新阶段，渔业高质量发展、渔业治理体系和治理能力现代化是当前的紧迫任务。从海洋捕捞业看，我国资源与环境双重约束趋紧，资源日益衰竭，渔业发展受到外部资源环境的制约越来越大，发展空间受到限制；我国海洋渔业管理措施单一，无法满足对资源的科学化和精细化管理；由于欧美国家依靠强大的工业基础发展海洋捕捞业，这使得虽然他们渔船总数占世界比例较低，但是其海洋捕捞的产量占世界比例远远高于其渔船比例。目前，我国在渔业资源开发的竞争中，装备水平落后成为严重的制约因素，渔船装备整体落后，与世界渔业发达国家相比差别很大。从海水养殖业看，我国海水养殖的生产方式以沿岸陆基养殖、滩涂养殖和内湾小网箱养殖为主，而面向远海的离岸深水养殖尚处于起步阶段。而且伴随着养殖业的迅速发展，随之而来的环境污染、病害频发、技术辐射范围局限、苗种供应和遗传保护缺乏等也成为中国海水养殖业未来发展的主要限制因素。

“十四五”深远海渔业发展面临新形势新要求。当前产业管理条例不足、产业履约能力建设滞后，而内外部环境却发生了深刻变化，单边主义、保护主义上升，国际渔业治理体系加速变革，叠加新冠疫情全球大流行，深远海渔业发展外部环境巨变；以国内大循环为主体、国内国际双循环相互促进新发展格局的形成，“一带一路”倡议等的深入实施，促进深远海渔业发展需要不断内生新动能。与此同时，我国深远海渔业作业效率、成本控制、装备整体水平和渔情预报体系等技术环节仍与先进水平有差距，亟须实现高效高质量的深远海渔业产业升级转型，推动深远海渔业成为实施“走出去”战略和“一带一路”倡议的实际抓手和重要载体。

我国极地海洋生物资源开发利用起步较晚，在2007年才正式成为《南极海洋生物资源养护公约》委员会成员，在2009年才开始进行南极磷虾渔业资源探捕，在极地生物资源开发与国际共治主导权的国际竞争中处于劣势。极地海洋生物资源综合利用研究滞后，产品单一、附加值低，主要是基于南极磷虾冻虾和虾粉的初步应用，另有少量南极磷虾油产品。极地海洋生物产物资源的研究虽有良好进展，但产业化发展还有待提高。

我国极地渔业资源开发利用的技术装备水平缺乏竞争力，从事极地渔业作业的渔船以其他渔船改造为主，仅有一条购自日本的20世纪70年代专业磷虾捕捞船和一艘已下水但尚未进入生产的自造专业磷虾捕捞船。我国尚未利用科考船进行专业的极地渔业资源科学探查，研究进展滞后于美国、英国、澳大利亚、挪威、欧盟等。

（四）海洋与极地环境探测与装备

1. 空天地海一体化监测和通信

我国海洋数据监测能力日益提升，卫星遥感、潜标以及深海调查已经达到世界先进水平，但仍存在以下三个主要问题：第一，光学卫星传感器的制造方面技术仍需突破，虽然水平与世界先进水平一致，但对于海洋各尺度的观测精度和分辨率仍需进一步提高。同时为建立海洋卫星星链需降低近地卫星制造成本，解决不同系统间的频谱共享问题。第二，多样的海洋数据的收集方式导致数据零散在不同的平台，使数据之间产生隔阂。统一的平台和标准化归一化的数据预处理方式的缺少，限制了海洋监测和研究的步伐。第三，海洋遥感数据产业化低，实际应用少。

1）遥感分辨率不足，卫星制造成本偏高

由于光学卫星传感器分辨率限制，得到的海洋要素数据难以用于较小尺度海洋特征的描述和监测，因此需要提高遥感数据分辨率。光学卫星传感器空间分辨率取决于光电子元件瞬时视场角的大小，因此改进分辨率需要光学精密仪器制造方面的技术突破。而合成孔径雷达则需要加大孔径长度，需提高卫星载荷或提高太阳能发电装置效率。提高数据分辨率也可推进数字图像处理算法方面的技术发展，如：进行更高精度的超分辨率处理，得到更细致的海面风场、海面浪场等海洋动力要素数据，用于海洋风能、波浪能等能源的资源评估；获得更高精度海表面叶绿素浓度信息，进行海洋蓝碳监测，评估海洋固碳能力。卫星通信网需按照自主可控的原则，形成广域覆盖、随需接入、资源集成的系统。

建立海洋卫星星链，对于近地卫星的数量有着一定的要求，需要推进近地卫星低成本、批量制造，建立与中高轨道卫星的全自动交互系统。对于与航空平台、临近空间/高空平台的组网，由于共享频谱会引入同频干扰，降低了协同覆盖性能。为此，需考虑航空平台、临近空间/高空平台编队和卫星系统的频谱共享问题，研究高能效资源分配技术。由于航空平台、临近空间/高空平台获取数据时不稳定，则需在遥感无人机结构、传感器装载模式等方向有所突破。

2）海洋数据零散，标准不统一，水下观测技术受限

近岸及离岸观测网络包含各种类型的数据，但这些数据目前仍零散地存储在不同的平台。因此，这些数据预处理时没有统一的精度估计和质量控制，即便形成了相关的海洋数据集或海洋产品，由于数据间的差异性，以及由于没有统一标准造成的不可靠性，加大了海洋数据与其他数据产品融合计算的难度，限制了海洋数据的发展和实际应

用，导致了人力物力的浪费。对多源数据建立性能稳定的归一化处理模型，并做好数据质量控制，是建设一体化监测系统的必要条件。此外，各类收集数据的方法存在局限性，目前水下观测技术仍主要依赖于潜标或走航，如水下无人航行器和水下滑翔机受到尺寸、重量及电源使用的限制，要实现非常精确的导航系统是相当困难的，再加上需要隐蔽、高可靠性、适应恶劣环境及大范围作业等，使其导航更加复杂化，因此需推进传感器数据的综合和导航传感器技术的发展。

3）海洋遥感数据产业化低，实际应用少

目前我国卫星行业应用产业化和应用服务商业化的能力较为成熟，可实现遥感信息全要素提取，并与自然资源、生态环境、应急管理、气象、海洋、水利、农业、林业等行业融合应用。但实际上大多数海洋数据业务信息化应用仍停留在信息存储、统计、查询及展示发布阶段，各类海洋信息资源开发利用程度较低，各类信息在实际工作中尚未充分应用，这一点在海洋生态的体现上尤为明显，例如海水温度大多仍只停留在平均温度、异常温度变化常规值的统计，但现状下海洋温度的波动现象十分明显，严重影响着浮游植物的生长，国内对于该现象的指数化分析仍较少。实际上对于海洋生态的相关指数计算和生态数据的可视化，仍处于较为初始的状态，即便在各项研究都提到了海洋生态的重要性的情况下，真正对其进行可视化指数化操作的产业却少之又少。这一部分缘于数据的有效分析和加工能力较为欠缺，尚未完善相关评估及辅助决策模型，生态算法对海洋各类业务决策支撑能力不强，难以提供准确的科学依据。同时也由于对于生态相关应用的“口头”重视。总体看来，目前尚缺乏基于大数据驱动的、具有价值的海洋业务典型应用，应用需求与数据资源状态、数学模型和分析能力差距大。虽然在海洋行政执法、海洋生态监测、海洋资源开发、海域动态监管、海洋营救等业务领域有巨大的需求，但由于业务要求高而且复杂以及国内海洋数据的零散性，海洋数据仍只以科研为主。

2. 海洋产业数字化转型

目前我国海洋产业数字化转型面临诸多挑战。

1）海洋信息化缺乏顶层体系性设计和长远规划

海洋涉及军事、政治、外交、经济、环境等多个领域，海洋信息化建设内容丰富，涵盖基础设施、管理机制、运行保障、标准质量、安全防护等多个方面，且各部分关系紧密、不宜分立，必须相互支撑、协调推进，因此顶层体系性设计尤为关键。而目前，我国在海洋信息化建设过程中没有国家顶层的体系性设计和统一的规划引导，缺乏空间、功能布局和实施步骤的合理统筹，各部门、沿海地方通常按照自身业务需求独立开展建设，各系统不仅难以相互协调支撑、统一形成合力，而且造成重复建设和资源浪费。

2）海洋信息缺乏有效共享

由于信息系统分头建设，涉海数据分别掌握在各业务主管部门和相关科研机构手中，彼此之间相互隔绝，再加上政策、技术、安全等方面的考虑，形成多个数据孤岛，使海洋数据的管理和共享出现各自为政的局面。海洋信息有效共享的缺乏，一方面使数据重复采集、成本提升；另一方面也使大量数据囤积难以发挥其潜在价值。因此，只有将多种信息关联起来、相互比对，并进一步建立信息之间的关系模型、协同使用数据，才能够验证数据的有效性，并深层次挖掘数据，寻找规律、提炼价值。

3）缺乏高端智能化应用平台/工具及核心算法

石油行业具有技术密集、业务链条长等特点，在智能油田建设中，人工智能应用的数据基础薄弱，无法达到深度学习对数据规则、标准和质量的高要求，且数据多样性差、准备时间长、加工应用成本高，与国际相比，在勘探开发等核心领域部署人工智能应用还存在相当的差距。国内人工智能在图像识别、语音识别技术、共享服务和无人驾驶等应用领域虽已实现重大突破，但在算法等基础核心领域，缺乏原创科研成果、高端技术沉淀和长期数据积累，缺少可有效满足石油行业需要的高端智能化应用平台或工具。

4）缺乏专门技术支撑机构和交叉性人才

我国的海洋领域面临着高级人才短缺的问题。我国虽已在相关涉海部门、行业初步建立了信息应用系统，但大多停留在数字化办公的初级层面。例如，2017 年 11 月科技部公布首批国家新一代人工智能开放创新平台名单，三大石油企业无一入围。此外，我国从事相关方面研究的高级人才短缺，且急需从事海洋、人工智能、信息化等多方面研究的交叉性人才。作为中央战略部署的重点领域之一，我国海洋工程装备及高技术船舶制造业至 2025 年，人才缺口预计将高达 26.6 万人。

（五）海水资源和海洋能综合利用

大型海水淡化工程核心技术难以突破，反渗透膜元件、高压泵、海水淡化药剂等关键设备、核心部件主要依靠进口。超大型海水冷却装备的设计建造能力还不能完全适用于技术发展的需要。在海水化学资源利用方面，仍处于以盐田为依托的大宗初级产品生产水平。波浪能和潮流能发电装置大都处于工程样机阶段，还没有形成对产业发展有带动作用的关键技术，总体储备不足，缺乏核心装备。我国的深水工程试验模拟装备和试验分析技术、深水工程设计建造和安装技术均存在明显不足。

（六）海洋环境安全保障

我国海洋绿色开发起步较晚，前期主要集中于资源和能源开采技术和开采效率，环境生态影响研究起步较晚。随着海洋能源的逐步开发，环境生态保护亟须补位，才能保证资源和能源的可持续利用。相关的探测、监测、模拟技术都相对落后，需要从顶层规划和基础研究等方面进行突破。

第四章　中国海洋领域工程科技发展的战略构想

第一节　发展思路

当前，我国经济对海洋资源、空间的依赖程度大幅提升，海洋经济已成为拉动我国国民经济发展的有力引擎，更为中国社会经济可持续发展提供了广阔的发展空间。这就要求我国在发展海洋工程科技的同时，以“发展海洋经济，保护海洋生态环境，加快建设海洋强国”的战略目标为指引，针对建设美丽中国、发展高质量海洋经济、保障能源资源安全、拓展生存和发展空间以及维护国家海洋主权与权益的战略需求，以满足国民社会经济发展对海洋工程科技的重大需求和国际市场需求为目的，瞄准世界海洋工程科技发展重要前沿技术和我国亟须突破的关键技术，加强技术攻关，强化与工业等其他部门的联合，大幅提升自主创新能力，以技术创新带动海洋装备和产业升级，抢占未来发展高地，成为世界海洋开发领域的技术引领者、标准引领者和装备引领者。

在具体实施上，应该坚持以国家需求与科学目标带动技术发展，坚持“重大国家需求与科学发展前沿相结合、基础理论研究与技术能力建设相结合”的原则。以支撑海洋强国建设作为战略目标，重点发展海洋能源开发、海底矿产资源勘查及开发、海洋生物资源探查及开发、海洋与极地环境探测与装备、海水资源和海洋能综合利用、海洋环境安全保障等 6 个子领域的重大关键技术，加强深远海、大洋、极地利用与保护能力建设，推动“绿色”“低碳”“智能”规模化、产业化发展，提升海洋战略高新技术与装备水平，建立全球海洋安全和治理保障体系，以推动整个海洋产业健康、快速发展。

第二节 战 略 目 标

紧密围绕 2050 年全方位构建海洋强国的战略目标，提出面向 2040 年的我国海洋工程科技发展目标：2030 年，海洋工程科技实现高度自立自强，2040 年，海洋工程科技迈入强国行列，为 2050 年全方位构建海洋强国体系夯实基础。

（一）2030 年目标

2030 年，海洋工程科技实现高度自立自强，海洋资源开发关键技术装备自主可控，海洋能源实现规模化开发利用，海洋能源、资源环保安全开发的保障系统基本建成。

（1）全面形成国际领先的边缘海新生代深水油气地质理论，形成深水油气勘探关键技术，深水/深层配套作业技术体系通过试验并小规模应用；构建适合不同油藏类型的化学驱技术系列，形成双高-双特高油田提高采收率、深水油气田和潜山油气藏高效开发等技术体系，具备海上深层及低渗油气田开发能力，全面实现海上稠油规模化开发；突破深水超深水、深层超深层、超高温高压等复杂领域钻完井技术，研制深水钻井核心装备、浮式平台精细控压钻井、智能完井、大型压裂等关键工具装备，强化深远海井控风险预警及应急处置能力，形成海洋复杂领域本质安全型新优快钻完井技术体系，基本构建 3000 m 水深钻采和井控应急技术体系；具备 1500 m 级水下生产系统及浅水水下生产系统的自主配套能力，突破超深水半潜平台、圆筒型浮式生产储油卸油装置、深水导管架、深水海底管道关键技术及核心设备技术体系，形成完备的 1500 m 级深水油气工程技术体系；形成重力式平台、极地钻井船等典型工程设施的关键技术体系，掌握极地重力式平台、极地钻井船设计、建造能力；构建试采前、中、后长周期、立体化、智能化环境安全监测系统和风险控制技术，形成安全、规模化开发的多气合采支撑技术体系，突破海洋 CO_2 水合物多相态封存关键技术，形成现场实施能力，建设天然气水合物多气合采开发先导示范区，建成 10 万 t/a 海洋 CO_2 水合物多相态封存示范工程；实现海上浮式风电规模化开发示范，建成我国完整的海上风电产业链，打造具备自主产权的深远海风电技术体系。

（2）完善海底成矿地质理论体系，建立深水工程技术创新平台，构建精细勘探技术体系，开发高效勘探核心技术及深海采矿装备，完成 6000 m 级深海多金属结核采矿系统的规模联动试验及其环境影响试验，以及深海多金属硫化物和富钴结壳等矿产资源的采掘与输送关键技术现场海试验证，开展深海富稀土的开采技术研究。建立相对完善的海洋矿产成矿模型，研发卫星-航空-海面-水下立体关键探测技术。建立海底矿产资源和天然气水合物勘探开发技术应用示范，实现海底资源勘查及开发核心技术和装备的国产化，培育深水工程产业体系，全面提升海底矿产资源自主开发能力。开发深海采矿环境监测、环境影响评估与管理和环境安全保障与预警关键技术，保障深海采矿工程突破环境门槛，具备商业化开采的环境影响相关能力。

（3）基本建成极地、大洋、深海生物资源科学监测评估网络及大数据分析平台，适应相应特殊环境的极地海洋生物资源高效绿色利用技术应用初步形成。构建适应大洋公海、极地海洋生物资源国际治理新机制的潜在海洋生态评价机制，在国际海洋生物资源共治中成为重要的建设性力量。

（4）初步掌握养殖、捕捞、增殖渔业碳汇扩增技术途径，基本掌握碳汇渔业技术。绿色养殖、深远海养殖高水平工业化、信息化，海洋牧场生境营造工程基本覆盖；近海渔业资源生态系统基本完整稳定，资源环境动态监测大数据平台应用基本建成。

（5）在沿海地区或毗邻大陆的海岛初步建立大型海水淡化厂，向沿海城市或城市群供水，解决沿海水资源紧缺问题，为海岛开发利用提供淡水资源保障；以太阳能、风能、潮汐能等新能源为驱动的海水淡化工程在沿海和海岛地区基本得到应用；集成海水淡化技术得到基本发展，大幅提高海水利用率；从海水中提取的化学资源成为化工行业的主要原料来源之一，高端功能海洋化工产品主要依靠进口的形势得以改观。以海水淡化、海水直接利用和海水化学资源综合利用为核心的海水利用产业发展体系初步形成。

（6）产业综合加工利用开始机械化、自动化；基本实现海洋开发环保安全技术的自主化，形成以我国自主开发配套装备、风险防控管理、海洋数值模式为基础的海洋能源、资源环保安全开发的保障系统。形成高度智能、自我进化的海洋信息化新生态，实现智能油田全面感知、动态监测、智能预警、快速处置、精准监管、人性服务，建成以海上智能油田为代表的海洋智能生产系统。

（二）2040年目标

2040年，海洋工程科技迈入强国行列，为2050年我国实现海洋强国发展目标打下坚实基础，为全方位建设海洋强国体系提供工程科技的有力支撑。

（1）实现南海边缘海深水/深层油气成藏理论和配套勘探技术的推广应用，全面形成国际领先的边缘海新生代深水盆地基础油气地质理论，勘探配套关键技术整体达到国际领先水平；全面形成深水油气田高效开发技术体系，实现超深水油气田持续上产，具备海上深层复杂油气田开发技术能力，形成人工智能技术与油田开发核心业务深度融合场景，实现海上油气作业与生产数字化全面转型；具备较完整的水深3000 m、钻井深度10 000 m级深海油气井安全高效钻井作业及自主服务能力，形成海洋极高温高压钻井作业能力与完整的系列井筒高性能工具自主供给能力，自主掌控海洋安全环保、井控安全应急救援处置能力；构建完备的3000 m 级深水油气工程技术体系，形成完备的深水浮式生产装置产业链，实现浮式天然气液化装置（floating liquid natural gas unit，FLNG）关键设备系统等的自主可控，全面建成 3000 m 级深水油气及浅水受限区水下自主设计和工程开发能力，建立全海底水下智能工厂；择机参与极地油气开发工程项目，形成重力式平台等典型开发工程设施的工程、采购、施工和安装（engineering，procurement，construction，and installation，EPCI）能力；初步形成天然气水合物和常规油气一体化勘探开发产业化体系、建成天然气水合物开发先导示范工程并贡献产能，建成 100 万 t/a 海洋 CO_2 水合物多相态封存示范工程；我国深远海风电实现商业化开发，引领全球技术发展趋势，市场份额居世界前列。

（2）构建基于未来海洋技术的海洋交叉应用与治理体系，基于海洋智能感知、海洋智能装备、海洋数字孪生等未来海洋技术的发展，构建完善的海洋交叉应用与治理体系。

（3）进一步完善海底成矿地质理论体系，建立我国深水工程技术创新平台，构建海底矿床精细勘探技术体系，开发海底矿床高效勘探核心技术及深海采矿装备，完成面向商业化开发的 6000 m 级海底多金属结核开发的海上试验与实际应用，以及多金属硫化物和富钴结壳等矿产资源的系统联动试验与环境影响试验，适时开展深海富稀土的规模开采。建立海底矿产资源勘探开发技术应用示范，实现海底资源勘查及开发核心技术和装备的国产化，形成深海矿业产业体系，全面提升海底矿产资源自主开发能力。

深入开发深海采矿环境监测、环境影响评估与管理和环境安全保障与预警关键技术，开发深海采矿环境影响修复技术，形成完善的环境监测、环境影响评估与管理及环境安全保障与安全技术体系和标准体系，带动深海高端环境监测设备和深海采矿环境服务产业发展。

查明全球滨/浅海矿产分布规律，建立卫星-航空-海面-水下立体综合精准探测技术体系，实现海洋深部地质结构的高精度探测与成像；建立滨/浅海矿产资源的大规模智能化绿色开发技术，实现关键装备国产化。

（4）极地、大洋、深海生物资源监测网络及大数据分析平台成熟，实现高效绿色利用技术普及，构建国际竞争力渔业产业链。建立适应国际治理新机制的海洋生态评价机制，增强国际共治影响力。推动绿色与深远海养殖工业化、信息化，扩大海洋牧场建设；近海渔业资源生态系统稳定，大数据监测平台广泛应用；产业加工全面机械化、自动化；普及碳汇渔业技术，促进渔业碳汇扩增。

（5）至 2040 年，在沿海城市及城市群部署大型海水淡化设施，有效缓解水资源短缺，保障海岛开发淡水需求。新能源（太阳能、风能、潮汐能）驱动的海水淡化技术在沿海及海岛区域实现规模化应用，集成淡化技术显著提升海水利用效率。海水化学资源提取成为化工原料重要来源，减少高端海洋化工产品进口依赖。构建以海水淡化、直接利用及化学资源综合开发为核心的海水利用产业体系。海洋能发电技术趋于成熟，应用范围从近浅海扩展至远洋深海。

（6）建立一套完整海洋天然气水合物安全开发风险防控管理系统，形成水合物开发过程海洋环境生态全方位监测评价体系，建立潜在危害定量评估和预警体系，助力水合物稳定、绿色开采；通过 20 年海洋生物资源绿色开发工程与科技创新发展，助力实现海洋生物产业“可持续发展、安全发展、现代工程化”三大战略发展目标，提升海洋生物资源开发工程与科技产业核心竞争力；构建海上可再生能源环境友好型实施工艺，完善管理性防范措施，减少海洋能设备运行对环境的影响，实现潮汐能、潮流能和波浪能的规模化绿色应用，推动多种海洋可再生能源综合利用。

第三节　总 体 架 构

基于海洋领域工程科技发展仍然不够成熟的现状和 2040 年我国海洋经济发展水平的战略预见，提出了“具备先进的自主的海洋装备和技术体系、提升海洋能源和资源绿色开发能力、建立海洋安全和战略利益技术保障体系”三位一体的我国2040年海洋领域工程科技发展架构，以保障我国海洋领域工程科技的跨越式发展（图4-1）。

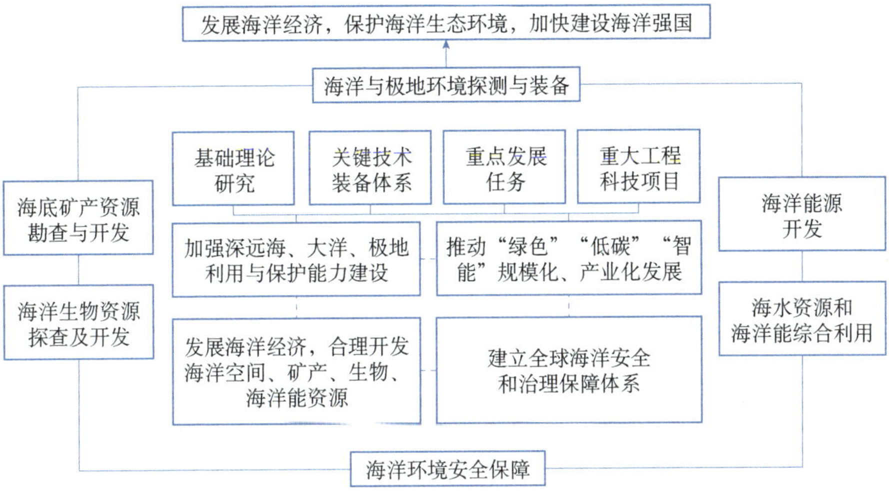

图4-1 面向2040年的海洋领域工程科技发展架构图

（1）发挥科技创新对海洋经济绿色转型的引领和支撑作用，培育新的海洋高科技经济增长点。充分发挥国家战略牵引、集中力量办大事的优势，同时发挥市场力量和企业创新主体作用，统筹规划，开展海洋工程科技攻关，建立我国海洋工程技术创新平台，实现海洋工程科技的弯道超车和系统跨越，发挥科技创新对海洋经济绿色转型的引领和支撑作用，培育新的海洋高科技经济增长点，使海洋新经济的绿色可持续发展成为未来国民经济的重要支柱。

（2）实施海洋碳汇深绿工程，加大对海洋碳汇服务于“双碳”目标的相关产业的支持力度。加快海洋油气开发的低碳转型，加大海上天然气的勘探开发力度和LNG的应用范围，加快海洋新能源开发（浮式风电、海上制氢、温差能、多种海洋能综合利用）相关技术和装备的攻关突破；加大对海洋产业节能减排转型的支持力度，推动CCUS技术在海洋的全面应用；积极发展碳汇渔业、海洋生物碳汇工程；加大对实现“双碳”目标所需的重点金属的海洋勘探开发力度。

（3）加强对深海、极地、大洋等新空间领域的攻关研究并实现科学保护和利用。做好深海、极地、大洋等海洋重要战略空间保护和利用的工程技术和装备的储备和攻关。形成3000 m水深资源自主勘探开发的装备和技术能力，深远海保障体系支持南海中南部资源实现有效开发；加快极地工程装备与技术体系建设，实现更好的极地保护和利用；发展大洋矿产和远洋渔业，加快大洋矿产绿色开采关键技术攻关和远洋渔业作业能力拓展。

（4）打造蓝色粮仓、蓝色药库，提升海洋生物资源开发利用水平，发展海洋创新药物产业。推动近海渔业重点向增殖与休闲方向发展，促进资源开发利用的良性循环；提升深远海养殖业的产量与经济贡献，优化海洋经济结构；强化大洋公海高价值渔业资源的开发能力；深化水产品综合加工利用技术，驱动海洋生物产业创新模式，构建蓝色经济新增长点，即“蓝色粮仓”。以海洋新药产品创制为导向，对海洋药用生物资源进行系统、全面、有序开发，探索海洋药物研究开发中的重大科学问题，针对危害人类健康的重大疾病防治的需求，突破海洋药物研发关键技术，研制海洋创新药物，构建现代化的海洋生物医药产业体系，为引领并形成我国海洋医药千亿级产业链和海洋经济支柱产业奠定雄厚的科技基础。

（5）建设“透明海洋”，打造空天地海一体化的海洋监测通信体系和海洋环境安全保障网络体系，构建基于未来海洋技术的海洋交叉应用与治理体系，服务海洋绿色开发与保护。实施“透明海洋”重大工程，利用我国现有未来卫星资源，与空天地海一体化信息网络工程结合，加快我国海洋行业信息化数字化转型进度，实现应急现场远距离、稳定、实时的通信和高效、清晰、准确的应急指挥；加强对海洋环境、海洋生物资源、海洋开发生产及活动状态的全方位监测，建设更加精准的海洋灾害预报体系。依托海洋智能感知、海洋智能装备以及海洋数字孪生等前沿技术革新，构建综合海洋交叉应用与治理框架体系，促进多领域、多学科技术的深度融合与创新应用于海洋环境，支撑海洋资源的绿色开发与可持续保护策略的实施。

第五章　中国海洋领域工程科技重点任务和发展路径

第一节　重 点 任 务

一、海洋能源开发

（一）研发深水/超深水、深层/超深层油气勘探技术

创建以边缘海深水盆地演化、新生代陆源海相烃源岩成因机制、高变地温背景下规模有效储集体形成机理和边缘海深水盆地高温高压油气运聚成藏机理为核心的边缘海深水/超深水、深层/超深层基础油气地质理论，形成以岩性圈闭识别与精细评价技术，以及深水、深层油气勘探地球物理勘探技术及配套深水、深层作业技术为核心的深水、深层油气勘探系列关键技术。

（二）创建海上油气开发技术，提升自主开发能力

创建以地质沉积模式为指导、井震结合的深水浊流沉积储层成因机制与优质储层识别技术，研发地层-井筒-地面深水开发一体化实时分析及决策系统，持续提升深水油气田自主开发能力，建立深层低渗油藏 CCUS-EOR 技术、潜山裂缝性储层有效能量补充技术、高含水油藏稳油控水及化学驱提高采收率技术，配套形成低成本集成化小型化注热设施、高效注气压缩机、低成本防腐等关键工艺。

（三）突破深远海超深水钻完井关键技术，实现装备自主可控

围绕南海深远海超深水钻井面临复杂环境载荷、复杂温压场、复

杂地层工况条件，重点突破深远海超深水复杂地层精细识别与灾害控制、井控及井筒完整性、测试、智能完井等关键技术，研制水下防喷器、隔水管、升沉补偿、精细控压系统等超深水钻井关键装备，研发深水钻完井核心软件系统，研发深远海井喷应急救援关键技术和装备，构建起深远海钻完井作业保障体系，形成深远海 3000 m 水深超深水钻完井技术体系，实现用自主装备安全高效开发超深水油气田，支撑公司超深水钻井技术达到国际先进水平。

（四）攻关深水浮式生产装置关键技术，实现高效开发

以深水油气开发需求为导向，攻关深水浮式生产装置关键技术，实现 1500 m 水深内转塔单点系泊系统设计技术及核心关键部件国产化，完成深水半潜式生产平台、浮式生产储油卸油装置（船型及圆筒型）等浮式油气生产设施体系化建设，创新形成干树圆筒储卸平台自主设计制造能力与 FLNG 及关键设备集成制造能力，实现用浮式生产装置高效开发深水油气田。

（五）构建天然气水合物多气合采和 CO_2 水合物固化封存体系

聚焦海洋天然气水合物-浅层气-深层气经济开发与 CO_2 水合物固化封存理论技术研究和装备研制，揭示甲烷水合物、浅层气和深层气等多层系地质-地球物理响应和共生共赋机制，建立多气合采富集区和海洋 CO_2 固化封存潜力评价方法；形成水平多分支井建井和安全调控技术；实现海洋甲烷水合物、浅层气和深层气多气合采装备配套；揭示海洋 CO_2 水合物多相态转化及固化封存机制；构建水合物多气合采开发和 CO_2 水合物固态封存地层-海床-水中-水面四位一体监测、评价方法和防控体系。

（六）攻关海洋可再生能源开发核心技术，加快多能融合发展

开展漂浮式深海风电装备关键技术研发及示范、远距离深水大型

海上风电场开发、海上施工关键技术研究、海岛风能独立电力系统开发、深海风能及波浪能综合利用、深远海风电关键设备产业链建设等；加快百兆瓦级深海风电场建设，培育深海风机装备制造和运维产业。围绕推动海洋能规模化发展需求，通过对潮流能、波浪能等具有良好发展前景的较成熟技术进行示范推广，促进海洋能开发利用技术成果转化，攻关温差能开发核心技术，加强海洋能与海上风电、海上光伏、海上制氢等方向的融合技术创新，探索海洋能源立体化开发模式，形成“海洋能+”产业发展体系。攻关海上 CCUS 关键技术，推动海上示范工程落地。

（七）突破极地工程关键技术，支撑极地油气开发

具备突破重力式平台、极地钻井船等极地工程装备设计能力，重力式平台整体建造关键技术、海上安装关键技术及操作维护技术。掌握极地设备和系统防寒除冰设计能力，掌握水下储油保温技术，极地海洋环保、消防及逃生技术。

二、海洋与极地环境探测与装备

（一）研发海洋卫星、航空、临近空间/高空、海基、地基动态组网的高密度、多要素、全天候、智能组网的观测技术

海洋卫星、航空、临近空间/高空、海基、地基动态组网的高密度、多要素、全天候、智能组网的观测技术，是现代海洋观测体系中不可或缺的重要组成部分。通过不同平台和手段的综合运用，实现了对海洋环境的高精度、高时空分辨率监测，为海洋科学研究、资源开发、环境保护以及灾害预警等提供了强有力的支持。该技术的主要任务是全球海洋立体观测网的建设，具备布局合理、体系完整、运行高效的特点。该技术是将现有的数据收集和监测手段通过组网的方式整合，然后通过智能组网观测技术打通各个观测手段之间的隔阂，构建标准数据集，提高了数据共享效率和

观测效果。同时该技术使海洋的实时监测和通信成为可能，真正意义上实现了“透明海洋”“智慧海洋”。

（二）传感器和新监测方式的开发

在传感器开发方面，一是开发新型生物传感器。新型生物传感器具有体积小、重量轻、便于携带、操作简便等特点，同时能够实时监测多项生理指标，为健康管理提供更加全面的数据支持，可广泛应用于医疗健康领域，如实时监测生理指标、疾病标志物以及药物浓度等，为疾病预防、诊断和治疗提供有力支持。此外，还可应用于环境监测、食品安全和军事与安全等领域。二是开发微磁基础传感器。微磁基础传感器具有高灵敏度、高分辨率、高响应速度和抗干扰性强等优点，能够实时在线监测目标，且安装、维修方便，不受气候影响。可主要应用于智慧交通管理系统中，如车辆检测、航道监测、大浮标防碰撞等领域。此外，还可应用于金属无损探伤、组合定位导航、金属异物监测等多个行业领域。

在新监测方式方面，一是无线传感网络。具有监测范围广、部署灵活、成本低廉等优点，能够实现对监测区域内各种环境参数的实时监测和数据传输。广泛应用于环境监测、农业生产、工业自动化等领域，为相关领域的数据采集和决策支持提供了有力支持。二是远程监测与诊断技术。例如，在医疗健康领域，新型生物传感器能够实时监测患者的生理参数，并将数据传输给医生，实现远程医疗服务。医生可以根据实时监测数据及时发现患者的异常情况，并制订个性化的治疗方案。

智能化、集成化和网络化是未来传感器和新监测方式开发趋势。

（三）组网数据的标准化处理以及分析应用

空天地海一体化网络观测网络包含各种类型的数据，需对组网数据进行标准化处理，是确保不同来源、不同格式的数据能够在同一框架下进行有效比较和分析的关键步骤，以此保证数据的可比性、一致性，提高分析效率。同时需要对各类数据建立性能稳定的归一化处理模型，归一化处理大量不同来源数据，并做好数据质量控制、进行精度评估，从而通过数据融合得到可靠性更高的标准化数据。

完善的海洋产业链不是海洋数据的简单收集与存储，而是能在真正意义上解析海洋数据和应用海洋数据。通过空天地海一体化监测和通信网络，实现海洋大数据的共享和高效利用。在环境保护方面，构造水质指数、珊瑚适宜度指数、赤潮危机指数等，以及进行蓝碳监测，对海洋生态实现全面的评估。

（四）卫星通信网络的完善

卫星通信网络是利用卫星中的转发器作为中继站，通过反射或转发无线电信号，实现两个或多个地球站之间的通信。在以下方面需要完善：一是广域覆盖，即可以覆盖地球上的大部分地区，包括偏远和难以通过传统通信方式到达的区域；二是高速传输，即卫星通信网络能够提供高速的数据传输服务，满足日益增长的数据通信需求；三是稳定性强，即具有较高的可靠性和稳定性，能够确保在恶劣天气和自然灾害等情况下仍能保持通信畅通。同时，完善后的卫星通信网络可以满足军事通信、航空航海通信、远程教育通信、远程医疗通信以及应急通信。

（五）海洋产业数字化转型

结合人工智能、物联网、云计算等技术打造人工智能应用平台，如虚拟图形处理器（graphics processing unit，GPU）云、处理技术云、解释技术云等，通过海量数据采集/分析、处理和解释技术，深入开展海洋大数据实时数据流分析、历史数据融合分析、大规模并行处理、分布式数据挖掘、分布式云处理、机器学习、云计算、云存储、虚拟化、感知技术、数据生态等技术攻关，研发一批能显著降本增效的新技术、新装备和新软件，在全资产范围内实时完成全面感知、资源合理调配、集成协同、生产优化运行、故障判断、预警预测、分析优化，为各涉海领域提供具有洞察预测能力、规范性分析能力、智能决策能力的人机融合智能化海洋应用服务平台和环境，提升感知理解海洋能力、智能交互能力和智慧管控海洋能力。

充分结合数字孪生、物联网、机器视觉、态势感知、智能化物探技术，构建二维、三维可视化仿真海洋，构建海上环境模型、海洋作业模型；通过大数据实时数据流分析、历史数据融合分析、数据挖掘技术、集成和分析技术开展算法模拟，建立流程数字化模型，对实时的数据流进行分析预测，在数据分析基础上评估模型状态，进行规范性分析，为运行决策提供建议。实现海洋现实物理空间和虚拟数字空间的透视、双向沟通、交互融合、协调一致、全生命跟踪。开发适合地球物理问题的数学、物理模型及深度学习算法，形成能解决地球物理问题的深度学习框架，提升模型持续运行、滚动改进和不断优化能力。逐步实现海洋信息的感知理解能力、智能交互能力、智慧管控能力。同时为未来实现行业引领提供理论基础，培养一批技术全面、本领过硬的数字海洋、智慧海洋技术领军人才，最终实现我国“智慧海洋”和“海洋强国”建设。

（六）海洋智能感知技术基础

我国海洋智能感知技术处于刚起步阶段，各类感知技术如海洋无人技术、海洋传感器技术、组网探测技术、大数据技术、云计算技术、人工智能技术和物联网技术以及各类感知平台包括岸基、走航、浮/潜标及天基观测等存在各自为战和比较孤立状态，目前还没有形成智能化、网络化和体系化的综合环境观测体系，尚不具备深海/超深海、广范围、长周期、高精度、连续观测与原位实验开发等技术能力，水下导航等关键技术存在“卡脖子”风险。海洋智能感知技术的发展对海洋资源的开发、海洋环境的保护、海洋灾害预警和应急救援等领域具有重要的现实意义和前景。

三、海底矿产资源勘查与开发

（一）突破关键技术研发，实现深海矿产资源开发

①研究并突破海底大规模成矿理论、找矿预测与评价技术。②突破海底多金属矿床 320 m 深孔取芯钻机系统、大功率地震法探测仪和智能化海底钻地机器人等关键技术，形成海底矿床高精度勘探技术体系。③突破 6000 m 级水深海底采矿系统、甲板脱水系统和采矿船的研发、收放和监测等核心技术，形成深海矿产资源开发能力。④发展深水、绿色、协同、重载、智能、安全的现代化海底矿产资源开发装备体系。⑤突破水下场景自助感知、多系统协同作业、多要素环境监测、大容量能源供给和高密度信息传输等核心共性技术。⑥突破深海现场实验、模拟实验、数值模拟、原位保护和异位培养等关键技术，构建完善的深海矿产资源开发环境影响监测与评估、修复与管理的技术与标准体系。⑦推动新概念深海采矿范式和探采一体化技术，带动深海大数据、物联网、新能源、人工智能等应用，实现传统装备升级改造。

（二）突破重要装备研发，实现深海矿产资源开发

依托关键技术突破，面向深海矿产资源勘探开发，重点研发勘探、开发和环境监测等三大类装备。①研发高效广域和精准三维的深海矿产资源勘探技术装备，包括基于无人近底探测平台的勘探技术装备、海底复杂地层模块化超深孔钻机和深海矿产三维综合评价技术装备。②研发深海矿产资源绿色采矿模式及矿物高效率、低能耗、环境友好的绿色开采工艺技术装备。③建立长期立体的深海矿区环境观测与修复技术体系，制定绿色开采装备的设计规范和技术标准，建成多类型监测平台组成的基于数据驱动的海底生物群落与底层环境监控系统，实现深远海海底的时序与面域相结合的监测能力及监测策略动态调整能力。

（三）加强工程化应用示范，实现深海矿产资源开发

①建立深海试验区，形成海上试验的运行规范和共享机制，依托勘探开发船、钻井平台、深潜器、深空站等大型平台和关键技术，开展多种类型的海底矿产资源目标评价、预测、钻探、开发及环境监测全链条工作试验，提升产业开发能力，引领和带动商业化勘探开发。②依托商业规模的深海采矿试验和商业化采矿，实现深海采矿环境影响监测评估关键技术和成套监测平台的工程化应用示范。

四、海洋生物资源探查及开发

贯彻生态优先和可持续发展理念、科技引领绿色发展理念，养护海洋生物资源开发产业所依存的生态环境，高效综合开发利用海洋生物资源，是实现海洋生物资源绿色发展的重要途径。①推进海洋生物产业绿色发展，建设环境友好型海水养殖业、资源养护型捕捞业；推动养殖业、捕捞业、水产品加工业信息化发展；促进海洋绿色食品质量安全与精深加工流通工程技术；建立碳汇低碳渔业产业发展体系。②推进大洋生物资源探查评估与新渔业资源挖掘；构建远洋渔业信息网络与渔场渔情预报体系；推动中层鱼及深渊生物资源勘探与开发技术发展。③推进极地海洋渔业精准探查与评估技术装备工程发展；推动极端环境下高效捕捞、高质量保存与贮存、高质量综合加工利用的技术与装备研发；加快专业极地海洋生物资源科考与分析总结，提高极地生物资源所依存的生态环境认知；促进极端环境海洋生物产物资源挖掘采集与研究。

五、海水资源和海洋能综合利用

（一）发展集成海水淡化技术，提升关键设备和材料工艺水平

研发低能耗、低成本、生态化的大型或超大型海水淡化系统集成工艺，推动我国规模化海水淡化工程技术水平的提升和产业发展。①建立

海水淡化示范工程，开展海水淡化水接入市政供水管网的技术研究，以及海水淡化反渗透膜材料及元件、大型高压泵及高压增压泵、能量回收装置等核心部件和关键设备研究。②开展蒸馏法海水淡化过程强化传热机理、关键部件优化、低成本传热材料开发等研究。③开展太阳能、风能、海洋能等可再生能源利用技术在海水淡化领域的应用研究，开发具有实用价值的可再生能源海水淡化新工艺和新装备。

（二）开展海洋能综合利用技术，推动海洋能规模化开发利用

①开展环境友好型潮汐电站建设，培育潮汐能高端装备制造产业。②结合养殖网箱等产业、防波堤等海洋工程，开展波浪能供电综合利用。③依托深海海洋能综合试验与技术应用示范平台，开展海洋温差能关键技术研究，包括氨透平、冷海水管、换热器等核心设备和技术研究等，向兆瓦级温差能技术及其综合利用发展。④开展新型海洋能原理样机及比例样机测试与试验。⑤开展海洋能发电、海水淡化、冷源供给、深水养殖、制氢、制氨等综合利用和技术示范。

六、海洋环境安全保障

（一）构建海洋环境生态全方位监测评价系统

《“十四五”海洋生态环境保护规划》强调：“坚持山水林田湖草沙一体化保护和修复理念，更加注重整体保护和系统修复，着力构建海洋生物多样性保护网络，恢复修复典型海洋生态系统，强化海洋生态监测监管，提升海洋生态系统质量和稳定性，构建更具韧性的海岸带综合防护体系。”对海洋环境生态进行监测是评估海洋能源、资源开发对海洋环境影响的重要手段支撑，目前其正朝着大深度、多层次、全方位发展。针对海洋油气资源、生物资源及可再生能源的多种开发需求，其监测范围包括海底、海洋水体多层位及水面生态环境，需综合运用多种先进传感技术、可视技术以及监测平台数据等，构建互联互通综合组网，

同时为国防安全、海上生产作业、防灾减灾提供保障，并实现海洋生物资源监测与评价、海岸带环境与资源及其变化监测、海洋健康评价与预测、海洋水文气象服务、海洋灾害监测预警与评估以及气候监测（预测）与评价等能力。海洋数据在未来海洋管理决策中将发挥至关重要的作用，目前我们已获得的海洋知识微乎其微，海洋数据收集的碎片化现象非常严重，数据的探索、监测、评估与集成分析将成为一项长期而艰巨的任务。此外，气候变化带来的风暴潮等极端事件的发生逐年增加，其对海洋产业的影响，很有可能导致海上油气平台等产业将继续受到更严格的监管，遵循更严格的安全规则，并且该产业活动将受到更密切的监测。因此，建设一体化海底观测、水体监测及水面观测网络，获取海洋长时间立体监测评价综合信息，实现海洋大数据的高效利用，为海洋能源资源绿色开发提供“智慧大脑”，为海洋资源利用和管控、海洋生态监测、海洋 CO_2、甲烷等温室气体以及新型污染物的源汇路径和时空演化规律掌控提供技术支持，为陆海统筹的海洋环境保护路径和现代海洋治理体系提供技术支持。

为提高海洋数据获取能力，应重点开展水下监测系统、水下无人观探测和海底观测网组网技术等方面研究，增强水下信息获取保障能力。应深化海底监测技术研究，重点解决海底监测网络水下数据传输以及水声通信区域网络接入、接驳、控制和供电等技术难题，形成布局合理、运行稳定、自动化程度高的海底监测网络。重点突破 AUV 和水下机器人自主观探测作业能力建设，在重点海域形成自主观探测能力。重点开展具备多平台协同感知和机动组网能力的海底监测网络建设，突破海底监测网络能源供给、水下通信传输、水下接驳安全。

（二）建立完善的深海油气/水合物开发气体泄漏应急救援体系

《“十四五”海洋生态环境保护规划》指出：“防范环境风险，有效应对海洋突发环境事件和生态灾害”“加强海洋环境风险源头防范，全面摸排重大海洋环境风险源，以海上溢油为重点，构建分区分类的海洋环境风险防控体系。加强应急响应能力建设，健全海洋生态环境损害赔偿制度，保障人民生命财产安全和海洋健康活力”。《中华人民共和国国民经济和社会发展第十四个五年规划和 2035 年远景目标纲要》提出：“防范海上溢油、危险化学品泄漏等重大环境风险，提升应对海洋自然灾害和突发环境事件能力。”我国海洋油气开发正由浅海向深远海挺进，海洋天然气水合物预计于 2030 年实现商业化开发，加快发展深海油气/天然气水合物开发气体泄漏应急救援体系，对于实现海洋油气资源安全、绿色、可持续开采，以及对保护海洋生态环境具有重要意义。然而，我国目前担负海上救援任务的装备总量不足、水平落后，存在智能化和数字化程度低等问题，与世界一流的海上救援装备器材相差甚远。因此，必须加强我国海上救援智能化，推进海上应急救援装备体系建设；利用数字化技术实现远程信息共享和环境演变预测；针对海上救援特殊环境增强夜间搜救能力，研发新型海上救援装备，加快海上救援装备的现代化进程；注重小型高速救援船和空中救援力量的开发引进，形成海陆空一体化联合行动的救援格局。因此，我国需结合海洋立体环境全方位监测手段，突破深海油气资源开发气体泄漏应急救援体系关键技术，建成完善的泄漏事故应急救援装备体系，加快油气井或管道设备泄漏灾害智能识别与保护系统建立，同时加强固井完井技术和海上应急救援能力，降低油气/水合物资源开发过程气体大量泄漏的风险，为海洋强国建设提供安全保障。

为提高海上预警和应急救援能力，应重点开展海洋环境空间信息的融合处理、仿真和辅助决策支持，提升海洋应急事件预警能力。进一步拓展通信手段，实现海洋水下设备的远程控制。加强海洋开发系统的水下清障装置、水下回收系统、水下应急封井装置等应急救援关键设备研制，实现多手段综合组网，提高网络覆盖、管控、安全防护、应急管理等能力。丰富完善海洋环境对装备运用影响评估的理论方法体系，探索利用海底监测网络作为海洋应急事件预警、处理、维护的新平台，提升海洋开发应急救援保障的自主性、安全性和时效性。

第二节　发展路线图

党的二十大报告提出："发展海洋经济，保护海洋生态环境，加快建设海洋强国。"围绕建设美丽中国，发展高质量海洋经济，保障能源资源安全，维护国家海洋主权与权益，探索深海、极地新疆域，构建海洋命运共同体的需求，到 2030 年海洋工程科技实现高度自立自强，2040 年海洋工程科技迈入强国行列，2050 年进入海洋工程科技强国前列。

基于我国国情科学评估和选择工程科技发展路径，提出工程科技发展路线图（图 5-1）。面向 2040 年中国海洋领域工程科技发展目标，海洋领域重点发展任务包括：突破深远海能源勘探开发关键技术，推动海洋可再生能源规模化发展，构建我国主导、自主可控、兼收并蓄的全球海洋立体观测体系，加快深远海海洋资源勘查及开发技术研发，构建深远海海洋资源商业化发展体系，发展海洋权益维护和参与全球海洋治理的技术支撑体系，构建海洋环境生态全方位监测评价系统和保护与修复科技支撑体系，构建海洋开发装备自主研发、生产、运维体系，推动海洋资源开发智能化、模块化、绿色化发展。发展以甲烷水合物-深层气多气合采多能融合开发技术、深海矿产资源勘探评价技术等为代表的 12 项基础研究方向。规划布局"海上能源综合开发示范工程""全球智能空天地海一体化海洋信息组网工程""海洋矿产资源绿色开发工程""海洋环境全方位监测组网建设工程""极地与大洋公海生物资源开发工程""我国海洋专属经济区渔业绿色开发工程"等重大工程。

加强顶层设计，做好统筹规划，自主攻关与合作研发相结合，产学研用一体化集成应用，强化自主创新，促进技术装备高质量发展，为推动海洋强国建设提供有力支撑。

	至2025年	2026—2030年	2031—2035年	2036—2040年
需求	党的二十大报告提出“发展海洋经济，保护海洋生态环境，加快建设海洋强国”。围绕建设美丽中国，发展高质量海洋经济，保障能源资源安全，维护国家海洋主权与权益，探索深海、极地新疆域，构建海洋命运共同体			
目标	2030年海洋工程科技实现高度自立自强；2040年海洋工程科技迈入强国行列；2050年进入海洋工程科技强国前列			
重点任务	研发海洋卫星、航空、临近空间/高空、海基、地基动态组网高密度、多要素、全天候、智能组网的观测技术；完善卫星通信网络及相应的装备			
	打造人机融合智能化海洋应用服务平台和环境			
	发展深水、绿色、协同、重载、智能、安全的现代化海洋装备体系			
		推动新概念深海采矿和探采一体化技术；带动深海大数据、物联网、新能源、人工智能等应用，实现传统装备升级改造		
	建立海洋矿产资源高精度探测体系			
	突破滨/浅海矿产资源绿色开发瓶颈			
	突破深水/超深水油气资源勘探开发钻井及工程技术			
	加快水下生产系统、干树圆筒储卸平台、FLNG、极地重力式平台等装备及关键零部件国产化研制			
	构建海洋环境生态全方位监测评价系统			
	建立完善的深海油气/水合物开发气体泄漏应急救援体系			
	建立碳汇低碳渔业产业发展体系			
	极地、大洋生物资源科学探查、资源可持续潜力评估与动态监测			
关键技术	深水/超深水油气勘探技术、海上稠油热采前沿开发技术、深远海超深水钻完井关键技术			
	水下生产系统智能工厂技术/深远海浮式生产装置设计、建造、安装、运维技术/极地海洋油气资源勘探开发关键技术和装备			
	海洋高精度探测与成像			
	滨/浅海砂矿原位采选技术			
	深海矿产资源绿色采矿模式及矿物高效率、低能耗、环境友好的绿色开采工艺技术			
	建设深海采矿全生命周期潜在综合环境影响评估的国际标准，建立绿色开采装备的设计规范和技术标准			
	极地、大洋生物资源高值化全利用与清洁生产技术工艺与装备技术，产品质量安全关键指标的检测与控制技术			
	水产品质量安全风险评估与追溯技术、碳汇计量及碳足迹追踪评价技术、碳汇扩增与生产节能减排技术			
	建设智能空天地海一体化监测和通信网络，发展海洋智能感知和智能装备技术			
	创建一系列具有机械化、智能化、数字化、网络化、标准化、服务化特征的高技术产品，发展海洋数字孪生技术			
	深远海油气钻采井控安全保障及应急救援技术			
	海洋碳汇技术			

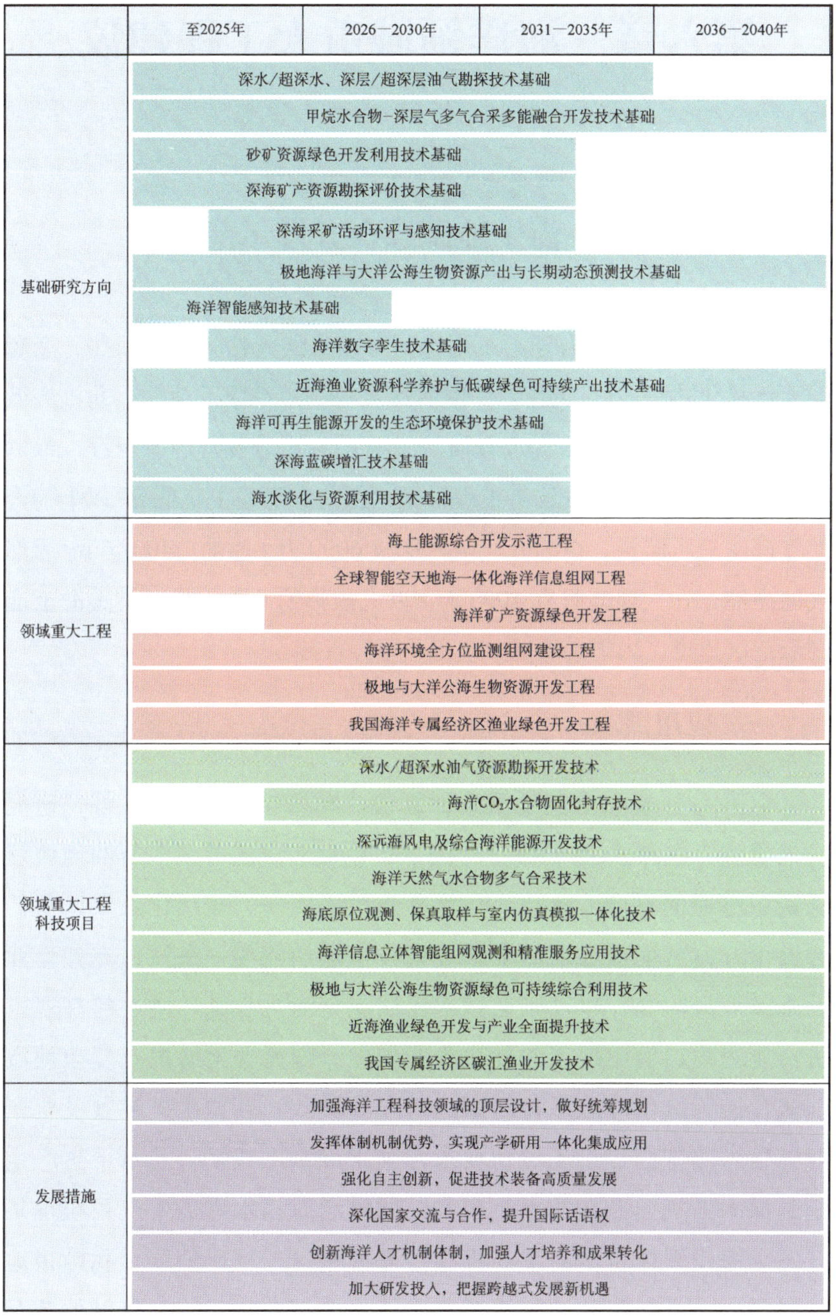

图 5-1　面向 2040 年的海洋领域工程科技发展路线图

第六章　海洋领域重大工程建议

第一节　海上能源综合开发示范工程

以国家能源需求为导向，围绕南海超浅层天然气领域勘探、渤海稠油规模化热采/提高采收率、南海深水与渤海受限区油气、北极海域油气、琼东南海域天然气水合物、海洋 CO_2 水合物法固态封存、深远海浮式风电等勘探开发示范工程，推动在南海形成 1 万亿 m^3 以上的天然气探明地质储量，在渤海与南海形成 6000 万 t 原油、400 亿 m^3 天然气的产能，在大亚湾封存 1000 万 t 以上规模的 CO_2，推动打造海上能源示范区建设，为国家能源安全提供坚强保障。

一、应用需求

中国海上深水/深层地质条件复杂，勘探起步晚、程度低，研究基础薄弱，在深水/深层成盆、成烃、成储、成藏等诸多石油地质理论认识方面面临巨大挑战，在提高油气采收率、规模化热采以及低渗潜山开发方面面临增储上产关键技术迫切需要，海洋钻完井作业面临作业风险高，以及工艺技术无法完全满足复杂环境、超高温、极窄压力窗口等工况下的优快作业需求；南海恶劣海况及复杂地质油藏、国际政治环境恶化对深远海开发模式、新型生产装置及全产业链技术等方面提出了迫切要求，采用深水浮式平台及水下生产系统是深水油气田开发的主流模式，同时渤海浅水水下生产系统也是开发渤海受限区资源的唯一模式；开展极地工程研究符合我国极地战略需求，具备极地油气资源开发能力能够解决我国油气对外依存度高和来源集中问题。

加强海上风电、海洋能、海上光伏等重大能源工程的技术创新和工程实践，有利于扩展海洋能源开发及产业化规模实现；天然气水合物作为一种潜在的资源，早日实现其商业化开发对我国的能源安全具有重要意义；水合物法固化封存 CO_2 具有稳定性好、储量大、封藏地点分布广等优势，是一种潜力巨大的 CO_2 封存方式。CCUS 示范工程是探索利用海上地质资源，解决我国沿海地区经济发展与降碳减排需求矛盾的一项大胆探索。

二、主要任务

（1）攻克中国海上深水/深层油气成藏理论及其勘探配套关键技术，突破形成具有海上特色的深水/深层优质储层成因机理、中国海上深水/深层油气成藏机理等深层/超深层勘探地质理论，自主研发形成深水/深层地震-地质一体化储层预测、地球物理等勘探关键技术。

（2）建成世界首个大型潜山凝析气藏循环注气示范工程；建成海上规模化热采以及移动注热、海上大型移动压裂船工程；推动海上深层/超深层油气田经济有效开发，建成海上超深水规模化开发示范工程。

（3）重点开展深水超深水、深层超深层、超高温高压等复杂领域钻完井关键技术攻关，研制关键工具装备、开发核心工程软件，构建起复杂工况钻完井工程技术体系，具备现场作业能力。

（4）重点攻关新型深水浮式与水下等工程关键技术与装备，开发南海琼东南盆地陵水、宝岛、开平南、流花等多个深水大中型油气田以及渤海浅水受限区锦州、秦皇岛等油田。

（5）突破天然气水合物多气合采、海洋 CO_2 水合物固化封存规模化形成等关键技术，构建多气合采和海洋 CO_2 水合物固化封存工程应用技术和装备体系，形成现场实施能力，进行现场验证试验。

（6）充分利用海洋工程开发经验，加速海洋可再生能源立体化开发进程，实现“海洋能+”海上能源开发技术体系。

三、发展目标

形成完备的中国海上深水/深层油气成藏理论及其勘探配套关键技术，整体达到国际领先水平，海上深水/深层油气勘探获得全面突破，成为海上油气储量重要的接替区；2030 年稳产 6000 万 t 原油、天然气上产至 450 亿 m^3，主力油田平均采收率达到 40%以上，海上低渗及潜山上产至 450 万 t，稠油热采上产 500 万 t，深水油气田上产至 1500 万 t 油当量；具备较完整的深海油气井高效钻完井作业及自主服务能力，整体技术世界并跑；新型复杂油气藏边际油田浮式生产装置、深水及浅水水下生产系统实现规模化应用，形成完备的深水油气工程开发能力及产业链。

实现海上风电、海洋能、海上光伏等规模化工程推广，提高海洋可再生能源开发利用效率；2025 年左右实施天然气水合物-浅层气两气合采试采，单井日产量达到 3 万—5 万 m^3；在 2030 年形成千万吨级规模的年 CO_2 海上封存能力，打造规模化减排能力，为实现“双碳”目标提供技术解决方案。

第二节 全球智能空天地海一体化海洋信息组网工程

一、应用需求

全球智能空天地海一体化海洋环境立体观（监）测与预警预报以及海洋资源动态感知的精准服务能力，是我国海洋强国战略顺利实施的基础性保障。因此，迫切需要构建全球海洋信息精准服务体系，推动海洋信息服务产业化发展，全面支持我国经略海洋的战略目标。

二、主要任务

立足全球视野，以构建保障国家安全和战略利益的海洋信息精准服务体系为目标，重点突破涵盖天基-岸基-水下-深海的各种智能化海洋观（监）测传感器、观测平台、立体观测组网、海洋大数据应用及信息服务等新技术；研发深海矿产、能源、生物资源、海水和海洋能源资源信息化探查技术及应用示范系统；推动探测海洋水中、水面目标与海底资源的大功率、极低频主动探测试验及示范系统研究；研制具有自主知识产权的，包含海洋环境、生态、资源、灾害多要素综合的数值预报体系并实现有效运行。

建议实施时间为2023—2040年：第一阶段为2023—2025年，完成顶层设计，核心技术和典型应用示范区统筹规划；第二阶段为2026—2030年，突破核心技术，形成标准规范，针对典型应用开展试验示范，构建全球海洋信息精准服务体系，推进海洋信息服务产业化；第三阶段为2031—2040年，实现数字化和智能化转型。

三、发展目标

通过该工程的实施，建成以业务化观测为主，兼顾科学研究，服务海洋资源勘查、经济发展和海洋权益保护的全球一体化海洋信息精准服务体系，在保障海洋经济活动的同时，提升我国在全球海洋管理事务中的话语权，树立我国负责任大国的国际形象。

第三节　海洋矿产资源绿色开发工程

一、应用需求

在我国经济面临转型挑战、结构升级时，潜力无限却仍未充分发展的海洋产业将成为我国经济发展的新增长点。我国迫切需要在保障矿产资源安全方面，建立高科技产业体系，形成全方位的海洋矿产资源勘查和开发能力，支撑蓝色经济发展，实现走进海洋的工程跨越。

二、主要任务

以海洋资源勘查及开发利用为主题，通过关键技术研发和示范系统建设，推进海洋新兴产业的商业化发展。以集约开发和优化利用沿岸与近海资源，加强开发利用公海及国际深远海资源为目标，建立全面的海洋资源勘查和开发装备研发体系，形成海底矿产资源勘查和开发的综合应用示范平台，实现海洋矿产资源的深入开发，培育海洋新兴产业，促进我国产业结构调整，推动海洋经济为国家经济保持中高速增长做出重大贡献。

三、发展目标

（1）研究并突破海底多金属矿床找矿预测与评价技术，加快海底多金属矿产资源开采关键核心技术攻关，自主研制海底多金属矿产资源开采装备，突破深远海矿产资源开发及生态效应评价技术的发展瓶颈，初步构建深远海矿产资源产业化发展体系。

（2）突破新概念深海采矿（范式）和探采一体化技术；带动深海大数据、物联网、新能源、人工智能等应用。

（3）建立海洋矿产资源高精度探测体系，突破海洋矿产资源高精度探测与成像技术；发展滨/浅海矿产资源绿色勘查开发技术。

（4）发展现代海洋矿产资源开发装备，构建海洋开发装备自主研发、生产、装备体系，以技术创新带动装备和产业升级。

建议实施时间为 2023—2040 年：第一阶段为 2023—2025 年，完成顶层设计，核心技术和典型行业应用示范统筹规划；第二阶段为 2026—2030 年，突破核心技术，形成行业标准规范，针对典型应用开展试验示范；第三阶段为 2031—2040 年，形成多个海洋资源开发利用产业示范园区，推动海洋资源开发产业化发展。

第四节　海洋环境全方位监测组网建设工程

一、应用需求

海洋能源、资源的可持续开发要求开发方法具备安全性和环保性，降低对海洋环境以及多种生物的危害。对海洋环境的全方位监测是实现海洋能源、资源安全绿色开发的基础，对事故发生后采取的应急处理措施是避免环境生态遭遇严重危害的重要保障。海洋环境全方位监测组网的建设符合资源绿色开发和可持续开发的需求，对保护海洋生态系统的稳定健康发展以及对海洋环境的变化进行科学研究和精准预测也具有重要意义。针对海洋石油、天然气、天然气水合物开采过程及海底普遍存在的甲烷泄漏现象开发应急削减技术，是减少海洋碳排放，避免海洋酸化，实现海洋碳汇和甲烷负排放技术的重要路径。因此，迫切需要构建海洋环境全方位监测组网和开发甲烷泄漏应急削减技术。

二、主要任务

以海洋能源、资源开发绿色安全为目标，突破涵盖海底、海洋水体多层位以及海面的多种智能化海洋环境监测传感器、观测平台、立体观测组网、海洋大数据应用及信息服务等新技术，研制具有自主知识产权的装备体系，提高监测装备国产化率，实现海洋环境生态全方位长期监测。开发深海甲烷泄漏应急削减技术，突破深远海油气钻采井控安全保障及应急救援技术瓶颈，形成保障3000 m以上水深天然气资源安全勘探开发配套装备体系和工艺技术，助力天然气水合物的稳定、绿色开采。

三、发展目标

工程目标：通过该工程实施，建成大范围、多层次、全方位长期监测海洋环境生态的组网，该组网具备多种耦合监测手段，可同时用于海洋能源、资源开发过程中现场监测，也可用于平时的海洋区域监测，提高海洋环境监测效率、精度以及安全防护能力；结合组网建设，开发完善的甲烷泄漏应急削减技术，增强应急削减技术的响应能力和处理效率，为海洋能源、资源安全绿色开发提供重要支撑，同时树立我国负责任大国的国际形象，提升我国在全球海洋管理事务中的话语权。

实施效果：通过该工程，能够及时掌握海洋环境污染和生态变化情况，加强海洋环境保护、保障海洋资源开发，有效提高应对甲烷泄漏事件的能力和水平。此外，该项目的实施有利于加强海洋环境保护和资源开发管理，提高海洋环境保护和资源开发的科学性、精准性和可持续性，为海洋产业的发展提供数据和科技支撑。

第五节　极地与大洋公海生物资源开发工程

一、应用需求

对大洋、深渊、极地海洋的开发，是我国战略新疆域的拓展。对海洋生物资源的研究与开发利用，是我国积极参与国际海洋治理的重要抓手，是推动建设“海洋命运共同体”的现实手段。在未来更长的时期内，极地大洋生物资源开发及其工程科技发展事关国家经略海洋的战略利益。

二、主要任务

（一）极地海洋渔业资源高效开发与综合利用工程技术

适应气候变化背景下极地海洋生态系统变动趋势、南极海洋生物资源国际共同治理变化趋势的南极磷虾渔业生态评价方法与体系；北冰洋公海渔业资源潜力评价与动态演变评估技术；适应北冰洋公海国际治理新机制的潜在渔业生态评价指标、方法与体系；支撑极地、亚极地渔业生产的资源、安全保障信息速/预报体系；适应极地特殊环境的极地海洋生物资源高品质原料、产品保存与绿色贮运控制技术；极地海洋生物资源陆基高值化全利用与清洁生产技术和装备研发；极地海洋生物资源产品质量安全关键指标的检测与控制技术。

（二）大洋生物资源探查与产业提升工程技术

气候变化背景下大洋公海渔业资源监测评估与预测技术；金枪鱼、头足类、中层鱼等广布大宗资源长期变动趋势、机制与预测；大洋公海新渔场、新资源可持续利用潜力评价；大洋公海渔业资源高效绿色利用技术与工艺；支撑大洋公海渔业生产的资源信息速报体系；适应大洋公海国际治理的渔业活动生态影响评价方法体系；大洋海洋生物资源探测、捕捞、加工、转运装备技术升级与自主化。

（三）极端海洋环境基因及产物资源开发工程技术

海洋生物种群遗传结构和多态性的分子基础；海洋生物优异遗传资源的遗传结构变异规律及其来源；海洋生物资源经济性状基因功能验证；海洋生物重要性状形成与演化的细胞学基础与微进化过程。

三、发展目标

力争实现构建极地海洋生物资源监测评估网络及大数据分析平台，对南极磷虾、南极鱼类、北极渔业资源的养护、利用与掌控能力得到提升，适应极地特殊环境的海洋生物资源探测、捕捞、加工、转运装备技术升级与自主化，形成现代化有国际竞争力的极地渔业产业链，生态系统方法在极地海洋生物资源养护与参与国际治理方面得到深入应用。构建大洋海洋生物资源及其依存生境的科学监测评估网络及大数据分析平台并付诸应用，对头足类、中层鱼资源的养护、利用与掌控能力得到提升，适应大洋环境的海洋生物资源探测、捕捞、加工、转运装备技术升级与自主化，形成现代化有国际竞争力的公海渔业产业链。应对国际海洋生物多样性保护新需求，实践生态友好与可持续资源利用均衡发展的海洋生态文明建设。

第六节　我国海洋专属经济区渔业绿色开发工程

一、应用需求

我国海洋专属经济区渔业绿色发展是对我国国民经济发展及食物市场供给需求、绿色可持续发展需求、“双碳”目标实现需求等的综合考量。海洋渔业是我国食物供给保障中重要的一环，是践行“大食物观”向海洋要食物的重要途径。发展低碳、碳汇渔业，对于快速发展的沿海地区推进生态环境修复、实现“双碳”目标也具重要正面意义。

二、主要任务

（一）现代海水养殖绿色发展工程技术

规模化生态健康养殖技术与新生产模式，水产养殖容量评估与管理体系；养殖环境实时监测技术、生物资源数字化、智能管理与收获技术；海水养殖经济动植物原种保护与利用，水产良种培育核心技术；水产重大疾病防控技术，绿色、高效饲料研发与生产技术；养殖水域环境健康生态学基础与生态修复技术；水产养殖智慧工程装备与平台研制技术；深远海养殖技术与工程装备；海水养殖碳汇功能分析与碳汇绿色技术；养殖产品高效清洁生产与质量控制技术；碳汇扩增技术及优良碳增汇渔业生物新种质收集、挖掘与开发。

（二）近海生物资源养护与提质增效工程技术

近海生物资源调查与评估新技术，渔业捕捞种类配额评估技术与管理体系；渔业资源增殖放流与鱼礁构建工程技术，资源增殖生态学基础与生态效果评价技术，渔业水域环境监测与生态风险评估技术，生态系统完整性和稳定性监测与资源环境动态精准预测大数据分析技术，生态系统水平适应性管理对策与三产融合发展技术，现代海洋牧场选址、管理与人工生息场建设技术；碳汇渔业生产模式与生产节能减排技术，海洋水产品碳汇计量及碳足迹追踪评价体系。

（三）海洋绿色食品质量安全与精深加工流通工程技术

海洋水产品质量安全风险评估与追溯技术，精深加工与副产物综合利用技术，水产食品功效因子开发与功能食品制造技术，水产食品智能化加工技术与装备，水产食品流通大数据与物流技术体系。

三、发展目标

推进近海增殖渔业和休闲渔业发展，实现近海渔业资源开发利用良性循环，提升深远海养殖业产量、产值及所占海洋经济比例，提升具有高经济价值的大洋公海大宗渔业资源开发水平，提升水产品综合加工利用技术水平，以综合加工利用带动海洋生物产业新模式发展，打造蓝色粮仓。实现渔业生态友好绿色开发技术突破，促进渔业水域生态环境的修复和改善，构建资源节约、环境友好、质效双增的现代渔业发展格局，保障海洋生态系统健康与完整性。促成近海渔业资源开发利用良性循环，保障生态系统完整稳定，构建资源环境动态监测大数据平台，全面实现渔业高质量发展与资源环境保护协同共进的目标。推动碳汇渔业技术发展与生产模式普及，促进渔业生产节能减排技术推广，实现渔业固碳功能的充分发挥。

第七章　海洋领域重大工程科技项目建议

第一节　深水/超深水油气资源勘探开发技术

以应用为目标，聚焦海洋能源开发领域重大技术问题，瞄准关键开发技术与装备，创新边缘海新生代深水盆地基础油气地质等勘探开发新理论，攻关南海北部深水区勘探、海上稠油热采有效开发及提高采收率、3000 m 级深水油气钻探、全水深生产平台（含极地）及水下生产系统等关键技术与核心装备，建立深水/超深水油气勘探开发体系，形成全海域、全天候勘探开发技术能力，在近海、深远海及极地海域开展工程化、国产化、商业化示范应用及推广，确保技术与装备自主可控，促进我国海洋与极地能源开发与利用，实现高水平科技自立自强。

一、应用目标

海洋油气深水储层预测成功率达 85%以上、检测成功率达 75%以上，南海深水宝岛、长昌、陵水等重点凹陷和松南凸起勘探开发钻探油气井 30 余口，新型深水/超深水浮式装置及水下生产系统在南海及海外深水工程实现国产化应用，具备自主开发极地油气能力，形成海洋可再生能源立体开发和融合技术创新的技术体系，建成南海万亿方大气区。

二、工程技术目标

（1）“两宽两高”地震勘探技术成熟应用于深水勘探目标，拖缆海底节点混合采集、海底节点采集等技术应用于重点靶区勘探实践，重、磁、电、震联合一体化地球物理技术推广至深水/深层重点凹陷。

（2）构建海上稠油规模化热采全寿命周期高效开发模式；建设海上低渗透油藏地质工程一体化及大型压裂工艺技术体系，全面形成潜山油气藏高效开发技术；推动深水油气田高效开发技术体系。

（3）形成 3000 m 级深海油气钻探作业关键工艺技术，研制深水防喷器系统、钻井隔水管及张紧器系统，研发钻井液、水泥浆等材料，开发配套深水钻探工程软件系统，建立深远海超深水钻井作业井控风险防控技术体系。

（4）建立完备的 3000 m 级深水油气开发工程技术体系，具备深水工程自主研发、设计、加工、集成测试和安装运维能力，形成重力式平台等典型极地油气开发工程设施 EPCI 能力。

三、主要任务、技术途径与可行性分析

（一）主要任务

古近纪原型盆地恢复与古地理重建、规模有效储层形成机理及预测、油气运聚与成藏机理、深水中深层地球物理关键技术；在产油气田提高采收率、海上稠油热采、低渗及潜山油气田开发、深水油气田开发技术；超深水安全高效建井、超高温高压钻井、深水钻井核心装备，海洋油气井智能监测及调控关键技术与装备；新型深水/超深水浮式生产装置与水下生产系统关键技术及智能化装置；适应极地极寒环境下的重力式平台设计、建造、运输和安装技术。

（二）技术途径

以国家能源需求为导向，依托国家原创技术策源地、全国重点实验室，以国家重大项目为抓手，开展海洋能源勘探、开发、钻采、近海工程、深海极地工程等方向关键技术攻关，形成海洋能源自主研发、设计、建造、安装与运维能力，全面建立全水深海上油气勘探开

发技术体系，在我国海洋及海外油气田开发中实现规模化应用，形成海洋能源商业化产业。

（三）可行性分析

具有良好的可行性，有一支长期潜心研究的技术团队，具有近 20 年的技术研究积淀，具备开展研究所需的国家级研究平台实验条件，具有海试应用依托保障，有良好的研究基础。

第二节　海洋 CO_2 水合物固化封存技术

以实现“双碳”为战略目标，突破海水体系中液态-水合物固态联合封存 CO_2、海底储层中水合物法固态封存 CO_2、天然气水合物开发-CO_2 封存一体化等海洋 CO_2 水合物固态封存工程应用技术和装备体系，为海洋 CO_2 水合物固态封存技术现场实施应用提供技术支撑。

一、应用目标

突破海洋 CO_2 水合物固态封存规模化形成、动态模拟和稳定性控制等关键技术，构建海洋 CO_2 水合物固态封存工程应用技术和装备体系，形成现场实施能力，在我国南海择机进行海洋 CO_2 水合物固态封存技术示范及工程应用。

二、工程技术目标

（1）形成海底浅层和深层 CO_2 注入封存效果和堵塞调控技术，突破海底浅层 CO_2 水合物规模生成、调控技术和工艺，构建海洋 CO_2 水合物固态封存工程应用技术和装备体系。

（2）前期开展 10 万 t/a CO_2 水合物固化封存先导试验，为该技术的进一步成熟和规模化推广应用奠定基础。

（3）最终建成百万吨级 CO_2 水合物多相态固化封存示范工程。

三、主要任务、技术途径与可行性分析

（一）主要任务

开展海洋 CO_2 水合物多相态转化机制研究，揭示海水体系中 CO_2 水合物消融机理，形成稳定性保持技术，突破海底浅层和深层 CO_2 注入封存效果和堵塞调控技术，建立海底浅层 CO_2 水合物规模生成、调控技术和工艺，建成海洋 CO_2 水合物固态封存工程应用技术和装备体系，形成独立自主的现场实施能力，进行现场技术示范应用。

（二）技术途径

以国家“双碳”目标为导向，依托海洋天然气水合物全国重点实验室，以国家重大项目为抓手，开展海洋 CO_2 水合物固态封存关键技术攻关和装备研发。

（三）可行性分析

具有良好的可行性，主要表现在：一是具有海洋天然气水合物全国重点实验室，具备开展研究所需的实验条件；二是配套一支长期潜心水合物研究的技术团队，并有近 20 年的天然气水合物技术研究积淀；三是在海洋 CO_2 水合物固态封存方面，我国率先开展了 CO_2 水合物生成动力学、注入形态对生成速度及封存规模影响的研究，并对强化生成技术进行室内物理模拟，初步探索了海水体系中“碳湖-水合物”联合封存的可行性，取得了阶段性成果；四是我国已建成了海上首个“碳封存”项目，已经积累了海上碳封存的一定经验；五是具有海试应用依托保障。

第三节　深远海风电及综合海洋能源开发技术

以技术体系建立和示范应用推广为目标，聚焦海洋能源开发领域重大技术问题，瞄准关键技术与装备，攻关深远海风电、海洋能和海

上多能协同开发等关键技术与装备，建立完整的海洋能源开发体系，确保技术与装备自主可控，促进我国深远海风电开发工程化、国产化、商业化示范应用及推广，同时为综合海洋能源开发与利用提供技术支撑。加强海洋能与海上风电、海上光伏、海上制氢等方向的融合技术创新，探索海洋能源立体化开发模式，形成“海洋能+”产业发展体系。

一、应用目标

支撑深远海风电规模化、高可靠性和低成本开发建设，形成海洋可再生能源立体开发技术体系，研发低成本、高可靠度的浮式风电基础融合创新的核心技术，为深远海能源开发提供技术保障。

二、工程技术目标

（1）形成自主的深远海风电技术和装备体系，结合南海海域高波陡、多台风的环境特点，具备机组与基础一体化仿真优化设计能力。

（2）具备海上风电、海上光伏、海洋能等海洋可再生能源规模化开发能力。

（3）实现海上浮式风电规模化开发示范，建成我国完整、自主的海上浮式风电产业链，打造具备自主知识产权的深远海浮式风电关键技术体系。

三、主要任务、技术途径与可行性分析

（一）主要任务

海洋能源立体开发新模式；深远海浮式风电关键技术及装备体系；海上光伏规模化开发关键技术；海洋能规模化开发关键技术；综合海洋能源自主研发、设计、建造、安装与运维体系。

（二）技术途径

以国家能源战略为导向，以科技部和工信部国家重大项目为抓手，开展深远海浮式风电及综合海洋能源等方向关键技术攻关，形成研发、设计、建造、安装与运维等链条能力以及最后的产业化能力。

（三）可行性分析

具有良好的可行性。国内已建成的浮式风电项目累计装机22.95 MW，中国长江三峡集团有限公司、中船海装风电有限公司、中国海洋石油集团有限公司和龙源电力集团股份有限公司参与完成了相关项目的建设。其中，中国海油的“观澜号”，其单台风机功率、离岸距离、水深、单位兆瓦用钢量等各项指标在国内均为最优，处于国际先进水平，也是国内首个达到“双百”（一般指离岸距离超 100 km、水深超 100 m）的深远海漂浮式风机样机项目。

第四节　海洋天然气水合物多气合采技术

以技术、装备体系建立和现场试采实施为目标，突破海洋天然气水合物-浅层气-深层气经济开发等技术，形成海洋甲烷水合物、浅层气和深层气多气合采装备配套，形成现场实施能力并实施试采，为建设天然气水合物多气合采开发先导示范区提供技术支撑。

一、应用目标

初步形成天然气水合物、浅层气和深层气一体化勘探开发产业化体系，具备独立自主的多气合采现场实施能力，建成天然气水合物开发先导示范工程并贡献产能，实现天然气水合物的商业化应用。

二、工程技术目标

（1）揭示天然气水合物、浅层气和深层气等多层系地质-地球物理响应和共生共赋机制，建立多气合采富集区，形成多气合采产能调控、水平多分支井建井和安全调控技术；实现海洋甲烷水合物、浅层气和深层气多气合采装备配套；构建水合物多气合采开发技术体系。

（2）实施天然气水合物-浅层气两气合采试采，单井日产量达到3万—5万 m^3。

（3）建设天然气水合物多气合采开发先导示范区并初步实现天然气水合物商业化利用。

三、主要任务、技术途径与可行性分析

（一）主要任务

开展天然气水合物、浅层气和深层气等多层系地质-地球物理响应和共生共赋机制研究，提出多气合采试采靶区，突破多气合采产能调控、水平多分支井建井和安全调控技术，形成天然气水合物多气合采现场实施技术和装备体系，进行现场试采实验。

（二）技术途径

以国家能源安全和“双碳”目标为导向，依托海洋天然气水合物国家重点实验室，以“十四五”国家重点研发计划、国家重大项目为抓手，开展海洋天然气水合物多气合采关键技术攻关。

（三）可行性分析

具有较好的可行性，主要表现在：一是具有海洋天然气水合物全国重点实验室，具备开展研究所需的实验条件，并配套一支长期潜心水合物研究的技术团队；二是具有近20年的技术研究和装备研发积淀，固态流化开采实践开创了世界先例，并全球首次提出“三气合采”来提高海洋天然气水合物的经济效益；三是具有海试应用依托保障。

第五节　海洋信息立体智能组网观测和精准服务应用技术

一、应用目标

基于海洋智能感知技术、海洋智能装备技术和海洋数字孪生等未来海洋技术的发展，通过空天地海一体化监测和通信网络，实现海洋大数据的高效利用，为海洋资源利用、管控和应急救援保障提供精细、高时效和准确的智能信息服务，构建更加完善的海洋交叉应用与治理体系。

二、工程技术目标

（1）基于海洋智能感知和智能装备，研发海洋卫星、航空、临近空间/高空、海基和地基动态组网的高密度、多要素、全天候、智能组网的观测技术。

（2）基于深度海洋大数据分析和海洋数字孪生，打造人机融合的智能化海洋应用服务平台和环境。

三、主要任务、技术途径与可行性分析

（一）主要任务

研发海洋卫星、航空、临近空间/高空、海基和地基立体智能动态组网观测技术，开发新传感器和新监测方式，进行组网数据的标准化处理以及分析应用，完善通信网络。

（二）技术途径

1. 立体智能动态组网观测技术

布局合理、体系完整和运行高效的全球海洋立体观测网的建设是整

个任务最重要的部分。将现有的数据收集和监测手段通过组网的方式整合起来，既保障了各技术收集数据的优势，又通过地基、海基等其他系统弥补了自身技术的缺陷。智能组网观测技术打通了各个观测手段之间的隔阂，建成了标准统一的数据集，提高了数据分享的效率。

2. 开发新传感器和新监测方式

由于光学卫星传感器分辨率限制，得到的海洋要素数据难以用于较小尺度海洋特征的描述和监测，卫星作为观测海表面数据的主要工具，光学元件制造工艺的提升势必引起海洋观测数据的质变，得到更细致的海面风场、海面浪场等海洋动力要素数据，用于海洋风能、波浪能等能源的资源评估；获得更高精度海表面叶绿素浓度、初级生产力等生态信息，进行海洋蓝碳监测，评估海洋固碳能力。卫星通信网，需按照自主可控的原则，形成广域覆盖、随需接入、资源集成的系统。

水下滑翔机、水下自制航行器等，提高了海洋数据获取的灵活性、实时性，但目前受限于能源技术的发展，需研制紧凑高效、稳定性好、耐低温高压的电力装置，增加有效的运行时间。再加上需要隐蔽、高可靠性、恶劣环境及大范围作业等，还需发展对传感器数据的综合分析能力，提高水下导航传感器的准确度、精度以及水下通信能力，实现准确定位和自动风险规避。

3. 进行组网数据的标准化处理以及分析应用

近岸及离岸观测网络包含各种类型的数据，对于空天地海一体化网络的建立，需要对大量不同来源数据进行归一化处理，并进行精度评估，从而通过数据融合得到可靠性更高的标准化数据，这需要对各类数据建立性能稳定的归一化处理模型，并做好数据质量控制。

4. 完善通信网络

海洋通信网需按照自主可控的原则，形成广域覆盖、随需接入和资源集成的系统。形成可靠通信网络，需发展综合通信技术，利用我国现有卫星资源和未来卫星资源，与空天地海一体化信息网络工程结合起来，实现应急现场远距离、稳定、实时的通信和高效、清晰、准确的应急指挥。应急救援监测方面，基于卫星、航空、临近空间/高空、海基、地基智能组网，及时精准地提供海洋态势信息和通信链，并实现优于 10 min 的高频紧急救援监测。

（三）可行性分析

现阶段我国卫星传感器迈进国际先进行列，开启了海洋监测的新征程，为未来组网提供了数据支持和平台支持；先进的卫星传感器的自主研发，使高密度、多要素、全天候的海洋表面数据观测成为可能；海基和地基观测手段丰富，无人机、无人遥控潜水器等新的观测技术也在迅速发展，为实现高时效性、全覆盖和精细的数据观测提供了支持。

第六节　海底原位观测、保真取样与室内仿真模拟一体化技术

一、应用目标

党的二十大报告指出，要“加快实施一批具有战略性全局性前瞻性的国家重大科技项目，增强自主创新能力”。自主研发前沿的海底原位观测装置、保真取样器和实验室仿真模拟系统是海洋资源探测开发和探索海洋科学规律的重要技术支撑。建设海底原位观测-保真取样-室内仿真模拟一体化系统是充分认识海洋环境生态演化规律和保障海洋资源、能源安全绿色开发的重要手段。目前，在深海原位观测系统相关装备的研制和使用方面，我国与世界先进国家相比还存在较大的差距，国外已有多型装备在役，但我国尚未研制。我国在深海原位观测设备上只能开展短时、小规模的点域研究，不能满足未来深海科学研究长期、连续观

测与原位取样实验的需求。另外，大尺度规模的天然气、可燃冰开采实验装置已趋于更精确测量和贴近野外实际的样式发展，但具体工程实施仍面临着巨大的挑战，现有实验室装置研究成果尚不能完全满足安全经济的实地可燃冰开采技术的需要，需进一步研究开发可实现更精确反演实际海底可燃冰开采变化和开采设备运行情况的先进仿真实验装备和平台，加强关键数字技术创新应用，探索建设数字孪生海底生态系统，为实现海底能源、资源安全可靠开采奠定坚实的基础。

该项目的实施可提升深海资源、能源安全绿色开发能力，突破天然气水合物商业化开采瓶颈，同时带动我国海洋装备自主研发，为人类提供丰富的海洋生物资源及海洋能源，具有极高的经济效益。另外，该项目的实施可服务于“碳中和”国家战略，具有十分重要的社会和环境效益。

二、工程技术目标

（1）突破大型海底原位观测高压舱及室内仿真模拟高压舱耐压结构安全性技术，解决大型高压舱体型庞大和内部承受巨大压力问题，形成我国大型高压设备自主关键核心技术。

（2）攻克深海沉积物、生物、海水等保真取样关键技术，完成保真取样装置的总体设计、制造和测试，实现深海样品主动保压、低扰取样和样品主动选择。

（3）研发大型室内仿真模拟高压舱温度、压力精准控制技术，构建稳定海洋模拟低温高压环境，实现体系压力和温度的稳定控制。

（4）实现多种海洋监测传感器、智能化监测平台、监测装备等的国产化，研发高精度和高分辨率海洋环境生态监测装备，开发海底观测网络高压电能传输、水下接驳、声通信等海底观测网技术装备，通过长周期水下原位装置，进一步显著提升海洋立体观（监）测技术能力。

（5）研究深海环境载人、无人潜水器联合观测技术，开展水下光视觉对接导引定位、对接轨迹运动规划和智能对接运动控制等关键技术攻关和研究，进行水下有缆遥控潜水器自主对接回收样机研制，形成自主开发的有人-无人核心技术。

三、主要任务、技术途径与可行性分析

建立海底原位观测、保真取样与室内仿真模拟一体化系统，该系统由原位长周期研究系统、模拟仿真实验系统和支撑保障系统等组成。海底实验室采用国际先进的深海有人无人智能协同监测与作业技术，最大工作水深 2000 m，海底最长持续 30 个昼夜，可实现在冷泉样地原位长周期、连续监测，高保真样品获取和样地原位与压力梯度实验研究。模拟仿真实验系统拟建造工作压力达 20 GPa，水体总高度 15 m，将用于进行天然气和天然气水合物开采过程和海底生态环境演化全要素的仿真模拟，揭示深海油气开采多相渗流机理，掌握开采规律。

国际及国内均拥有深海载人装备系统设计经验，国际上载人潜水最大水深达 10 913 m，我国载人潜水最大水深为 10 909 m，最大国产化率达 96.5%，我国深海潜水器的研制经验可为本项目实施提供重要支撑。目前深海潜水器存在的主要问题在于自持力较短，本项目可通过大型支撑保障系统构建来解决自持力问题。对于室内仿真模拟一体化系统，我国在天然气水合物开发装备研制上，最大体积已达 2584.8 L，工作压力达 32 MPa，可为项目室内仿真模拟系统的研制提供丰富经验和关键核心技术（中科院之声，2021；姚雪青，2023；李刚等，2025）。

第七节　极地与大洋公海生物资源绿色可持续综合利用技术

一、应用目标

满足在《〈联合国海洋法公约〉下国家管辖范围以外区域海洋生物多样性的养护和可持续利用协定》生效背景下和保护公海生物多样

性前提下，实现综合利用与养护均衡发展的公海生物资源产业高质量发展，实现对人类活动生态环境影响进行科学评估等需求。满足气候变化背景下发挥极地、大洋公海蓝碳功能和发挥渔业碳汇作用的需求。满足从单独蛋白资源开发利用向包含基因资源和产物资源的公海生物资源综合全利用转变的需求。满足实现空天海立体监测探查、适配大数据与人工智能场景需求的智慧渔业发展需求。

二、工程技术目标

（一）生物多样性与环境生态价值评估与养护技术

应对 BBNJ 协定所需的对影响较大活动实施环境评价的要求，突破对生物多样性及其依存环境的生态服务功能的评估技术，突破对大空间尺度海洋生态系统动力学量化分析技术，突破对海洋极端环境与大空间尺度海洋生物多样性养护技术。

（二）极地大洋公海蓝碳评估与碳汇扩增技术

突破极地与大洋公海生物资源碳汇评估技术，突破极地与公海海洋碳汇监测技术，突破极地与大洋公海生态系统碳汇维系与扩增技术。

（三）深蓝生物资源空海立体观测与智慧组网技术

突破基于无人平台的深海与极地特殊环境海洋生物长期连续观测技术装备，建立融合“卫星遥感-船基探测-无人长期”等多元平台的深海生物资源立体观测技术体系；突破海量观测数据的智能化处理、“海-空-陆”组网与实时/准实时共享传输技术，搭建基于大数据和人工智能的深海生物海洋观测物联网。

（四）极地与大洋基因产物资源挖掘与利用技术

极地与大洋公海海洋生物优异基因遗传资源探测和挖掘技术；海洋生物资源基因编辑与遗传转化体系；海洋生物资源经济性状基因功

能验证与应用实现技术。

三、主要任务、技术途径与可行性分析

（一）主要任务

1. 海洋生物多样性生态价值养护技术研究

极地与大洋公海生物多样性调查和监测，极地与大洋公海生态系统功能分析评估，极地与大洋公海生物资源开发利用的科学规划和高效管理养护设计，受损或失衡公海海洋生态系统科学修复与重建的预测与干预技术研发，极地与大洋公海大宗战略性生物资源探查与可持续利用技术研发。

2. 极地与大洋公海生物群体碳汇评估技术研究

极地与大洋公海生态系统动力学研究，极地与大洋公海生态系统营养层级之间的生态转换效率研究，极地与大洋公海碳汇扩增途径与技术研究。

3. 深蓝渔业生物资源空海立体观测智慧网络研发

发展深海与极地特殊环境潜标和浮标以及水下滑翔机、水面无人艇等自主平台的海洋生物长期连续声学观测技术，研发海量声学数据的自动化快速处理技术，建立“卫星–船基–无人台站”等多元平台的协同观测技术与数据传输共享网络，发展基于大数据和人工智能的深蓝渔业资源多源声学观测数据的集成与应用技术。

4. 极地与大洋公海基因产物资源挖掘利用研究

极地与大洋生物资源高效、环保、可持续采集技术研发，极地与大洋生物样品高效、准确、高通量的样品处理技术开发，极地与大洋生物有价值活性成分高效、环保、低成本的分离技术与高效、准确、高分辨率的鉴定技术开发，极地与大洋生物高效、高通量、全基因组

水平的基因资源挖掘技术。

（二）技术途径

建立和完善极地与大洋生态系统的监测和评价体系，科学合理规划和建立海洋自然保护区；发展绿色捕捞技术，提高海洋生物资源利用效率；实施极地与大洋公海碳汇普查和监测，推动极地与大洋公海生态系统碳汇收支计量评估，构建海洋碳汇和碳储存信息管理体系；自主化研发深海极地声学观测技术装备，发展大数据和人工智能技术，依托大洋科考船队、远洋渔船志愿船队和深海无人观测平台，搭建基于船联网、物联网技术的深蓝渔业资源观测技术网络；开展极地与大洋公海极端环境下生物样品采集，实施经济价值产物资源、基因资源发掘筛选，推进经济价值基因产物资源产业化利用。

（三）可行性分析

1. 政策环境可行

BBNJ协定文本已通过，我国需以积极姿态介入国际海洋治理，实践生态友好与可持续利用均衡发展的生态文明理念。

2. 研究能力可行

我国已经积累了一定极地与大洋公海研究的能力，建造了一个可覆盖绝大多数海域、多学科、多种形式的科考研究平台；在近海海域积累了碳汇渔业研究的基础；在遥感技术、海上探测技术、大数据分析技术领域也有了技术储备，可以为智慧渔业、空天海立体海洋生物资源监测技术研究与应用提供基础条件；海洋生物基因组数据具有可观积累，也积累了一定产物资源筛选挖掘经验，可为下一步有经济价值基因产物资源的商业开发提供技术支撑。

第八节　近海渔业绿色开发与产业全面提升技术

一、应用目标

我国海洋专属经济区渔业绿色发展是对我国国民经济发展及食物市场供给需求、绿色可持续发展需求和“双碳”目标实现需求等的综合考量。在需求满足程度方面，工程旨在通过科技创新和绿色发展，提高我国海洋渔业的可持续性，实现由传统生产模式向现代渔业产业链发展的转变，满足国内外市场对高质量渔业蛋白的需求；同时，致力于提高渔民收入和渔业就业机会，促进渔业现代化发展。在社会经济环境效益方面，注重保护和改善海洋环境，加强渔业资源的科学管理，提高渔业的生态效益和社会效益，实现我国渔业由规模扩张向品质提升和效益提高的转型升级，促进海洋经济绿色健康发展。

二、工程技术目标

（一）完善渔业资源管理技术

建立完善的渔业资源管理体系，包括近海生物资源调查与评估新技术、渔业水域环境监测与生态风险评估技术、重要渔业生境保护与修复技术、渔业捕捞限额管理技术、生态系统水平的适应性管理技术等，实现渔业资源的可持续利用。

（二）开发高效渔业生产技术

开发新型渔具和渔业设备，提升渔业生产效率，提高渔业生产的安全性和可持续性；开发新型网箱和大型养殖工船等养殖设施，实现离岸深海养殖，优化生产流程，降低养殖成本，提高品质和安全性，降低环境影响。

（三）研发渔业增殖与环保技术

研发渔业资源增殖放流与鱼礁构建工程技术、基于资源增殖生态学基础的生态效果评价技术；研发和应用绿色渔业技术，包括低碳、低能耗、低污染的捕捞、养殖及深加工技术，减少对海洋生态环境的影响，提高渔业的环保效益。

（四）加强渔业信息化技术研发

构建基于生态系统完整性、稳定性监测与资源环境动态精准预测的大数据分析技术；建立立体化、智能化的渔业监测和预警系统，实现对渔业资源、渔船、渔民等的全方位、多角度监控和管理，提高渔业的信息化管理水平。

三、主要任务、技术途径与可行性分析

（一）主要任务

提高渔业资源利用效率，推广绿色渔业生产技术，开展渔业技术创新，提高渔业生产的智能化、精细化和信息化水平，加强渔业管理和监督，建设渔业科技创新平台，促进渔业科技成果转化和产业化，实现渔业可持续发展和生态保护。

（二）技术途径

加快建设资源养护型捕捞业，推进近海增殖渔业和休闲渔业发展，建立渔业资源动态监测和评估系统，促进渔业水域生态环境的修复和改善，保障海洋生态系统健康与完整性，实现近海渔业资源开发利用良性循环。着力推进环境友好型海水养殖业发展，丰富、优化养殖品种结构，完善绿色养殖和深远海养殖的高水平工业化、信息化建设，提升水产品综合加工利用技术水平，发展标准化养殖技术。

（三）可行性分析

1. 具备政策支持

我国已经出台了国务院关于促进海洋渔业持续健康发展的若干意见等系列政策文件，鼓励渔业资源保护，推进渔业结构调整，加强监管执法，打造可持续的海洋生态环境，优化近海绿色养殖布局，建设海洋牧场，发展可持续渔业。

2. 具备技术支持

近年来，我国渔业技术逐渐成熟，如养殖技术、养殖设施、养殖管理等。这些技术的应用，可以提高渔业生产效率，降低渔业生产成本，同时减少对渔业资源的损害，促进渔业的可持续发展。

3. 具备市场需求

随着“绿色消费”观念的不断普及，消费者对绿色、安全、健康的渔业资源需求越来越大，给渔业相关企业带来了更好的发展机遇。

第九节　我国专属经济区碳汇渔业开发技术

一、应用目标

我国海洋专属经济区碳汇渔业发展是发挥近海生态系统蓝碳价值、实现“双碳”目标和促进我国国民经济发展及食物市场供给等多种需求的综合考量，其应用目标包括：满足发挥渔业碳汇功能和发展低碳渔业的需求；满足近海渔业扩增碳汇和促进生物碳汇工程构建的需求；满足气候变化应对的战略需求；满足未来碳交易、海洋生态服务价值评估的管理需求。

二、工程技术目标

（一）渔业碳收支计量技术体系

掌握碳汇渔业养殖生物个体的固碳机理，掌握碳汇渔业海水综合养殖系统的碳汇过程与机理，掌握增殖渔业群体固碳机理，掌握捕捞渔业群体与渔业生产系统碳汇过程，发展渔业生产系统碳汇模型，精确评估碳收支计量参数，形成渔业全产业碳收支计量技术体系。

（二）渔业增汇技术与低碳渔业发展新模式

实现养殖生物个体碳汇能力显著增强，收集、发掘、培育优良渔业生物新种质，延长养殖系统碳汇周期；完善并推广增殖渔业碳汇实现技术；建立生态系统水平管理的资源养护型捕捞业，增强渔业生物群体对渔业碳汇的贡献。

三、主要任务、技术途径与可行性分析

（一）主要任务

研究碳汇渔业养殖生物个体的固碳机理及碳收支计量；研究碳汇渔业海水综合养殖系统的碳汇过程与机理；构建渔业生产系统碳汇过程的模型构建与碳收支精确计量技术体系；增强养殖生物个体碳汇能力和延长养殖系统碳汇周期的优良渔业生物新种质收集与创制；构建渔业增殖、养殖生物个体和系统的碳汇增汇，以及海水养殖业和增殖渔业绿色可持续健康发展的融合发展新模式。

（二）技术途径

开展渔业生物群体碳汇评估参数准确性的实验研究，加强养殖生物个体和渔业生物群体相关的生理生态学实验研究，重点实施与生态转换效率、营养层级和碳汇收支各分量有关参数的实验研究以及评估方法的研究，获得更准确、实际的计算参数和评估结果，提高渔业生

物群体碳汇评估的科学性、准确性和特定性；积极探索渔业生物群体碳汇扩增途径，坚持生态系统水平的管理，建设资源养护型的捕捞业，增强渔业生物群体对渔业碳汇的贡献；健康持续地发展增殖渔业，采取精准定位措施，推动碳汇增殖渔业成为渔业新业态重要组成；收集、筛选、发掘、培养碳汇效率高和碳汇周期长的优良种质资源推广应用，不断增强海水养殖碳汇能力。

（三）可行性分析

1. 政策环境可行

“双碳”目标已是我国的重要政策之一，也是国际主流诉求，因此实施碳汇渔业的工程科技项目可获取政策保障。

2. 研究能力可行

我国在碳汇渔业领域起步较早，积累了碳汇渔业研究的基础，在养殖业和增殖渔业领域具有一定实践基础，在生态系统水平管理上也进行了摸索，具备实施渔业产业碳汇提升工程科技研究项目的可行性。

第八章 海洋领域工程科技需求牵引的基础研究方向建议

工程科技的发展离不开基础研究的积累和创新。目前，我国海洋工程科技在自主创新和原创成果突破方面还存在很大不足，在核心传感器件、关键原材料、自主数值模式、海洋数据信息化应用等方面仍存在短板，迫切需要加大相关领域的基础科学研究，为海洋工程科技跨越式发展和海洋强国建设提供科技储备。本章根据我国海洋工程科技发展的战略研究成果，结合关键技术和重点研究方向，提出面向2040年的我国海洋工程科技发展需优先开展的基础研究方向，以期为海洋强国战略的基础研究布局与部署提供参考。

围绕我国海洋工程科技发展前沿和重大挑战性问题，提出了共12项建议优先支持的基础研究方向（表6-1）。

表6-1 海洋领域建议优先支持的基础研究方向

序号	基础研究方向
1	深水/超深水、深层/超深层油气勘探技术基础
2	甲烷水合物-深层气多气合采多能融合开发技术基础
3	砂矿资源绿色开发利用技术基础
4	深海矿产资源勘探评价技术基础
5	深海采矿活动环评与感知技术基础
6	极地海洋与大洋公海生物资源产出与长期动态预测技术基础
7	海洋智能感知技术基础
8	海洋数字孪生技术基础
9	近海渔业资源科学养护与低碳绿色可持续产出技术基础
10	海洋可再生能源开发的生态环境保护技术基础
11	深海蓝碳增汇技术基础
12	海水淡化与资源利用技术基础

一、深水/超深水、深层/超深层油气勘探技术基础

深水/超深水、深层/超深层区油气资源潜力大，是国家海洋强国战略和国家能源战略的重要组成部分。深水/超深水、深层/超深层油气勘探技术已成为世界石油工业的热点和科技创新的前沿，聚焦深水/超深水、深层/超深层油气勘探开发中的基础科学问题和关键核心技术攻关，加速勘探技术的发展，创新形成深水/超深水、深层/超深层油气勘探理论技术体系，为我国增储上产提供坚实的储量基础，对保障国家能源安全，助力实现“双碳”目标具有重要的理论意义和实践价值。

重点研究方向：边缘海深水盆地原型恢复；油气运聚与成藏机理；大容量低频可控震源激发-宽频超长排列地震采集技术；压缩感知-低成本高效采集技术；复杂介质高精度处理成像技术；深层构造恢复、弱信号补偿技术；规模有效储层形成机理及预测；重磁-电磁-地震多元立体勘探技术；智能化地球物理勘探技术。

二、甲烷水合物-深层气多气合采多能融合开发技术基础

天然气水合物是一种资源潜力巨大的资源，但目前存在着试采产能不高、生产不能持续等问题，针对这些难题，创新性提出天然气水合物-浅层气-深层气联合开发技术方向。同时，开展天然气水合物与海洋地热、温差能等可再生能源的立体开发研究，揭示海洋地热和温差能等与水合物协同开发的能量和设施共享机制。该研究力图探索早日实现天然气水合物商业化利用的新途径，在目前我国能源安全形势严峻的情况下，具有重要意义。

重点研究方向：深水天然气水合物-浅层气-深层气多层系合采耦合和调控机制；天然气水合物开发储层改造机理和方法；多层系天然气水合物开采方法和工艺适应性评价；复杂结构井多气合采产能优化调控；天然气水合物与地热、温差能、风电等协同开发机制。

三、砂矿资源绿色开发利用技术基础

滨/近海砂矿蕴藏有丰富的锡、锆、钛、金等战略性矿产资源及建筑砂石等非金属矿产资源，是我国新兴产业及军事、航空、航天产业发展的重要矿产资源来源，其开采量在世界同类矿产总产量中占有较高比重。我国砂矿资源潜力巨大，砂矿资源高效勘查、绿色开采、精细分选技术的研发，将有效支撑我国矿产安全保障。

重点研究方向：滨/近海砂矿物源示踪原理及方法；滨/近海砂矿智能遥感识别技术；高分辨综合地球物理勘查技术；深海岩心取样技术；滨/近海砂矿资源评价技术；滨/近海砂矿开发环境评价技术；滨海深部高分辨三维地质灾害模型构建方法；滨海深部采动岩体失稳机制及其响应；滨海深部框架式采矿结构设计理论与方法；超前序次释压理论与地压调控方法；矿物精准识别原理及方法；物性差异放大及调控原理及方法；多力场耦合分选物理预富集原理及方法；一体化协同选矿平台；有价组分梯级利用原理及方法；就地充填绿色采选方法；滨海湿地生态修复理论与技术。

四、深海矿产资源勘探评价技术基础

深海矿产资源开发涉及诸多领域，是一项庞大系统工程，海洋环境复杂，环境保护要求严苛，在“深海探测、深海进入、深海开发”的战略引领下，充分利用深海高新技术手段，开展深海矿产资源勘探评价技术的研究，建立勘探评价方法体系和智能技术的研究，是当前非常重要的基础性工程，对我国国际海底矿区开发利用及保障国家矿产资源供给安全具有战略意义和重大需求。

重点研究方向：海底矿产资源大规模成矿规律与预测方法；海底表层矿床广域高效勘探原理与评价方法；海底隐伏矿床三维精准勘探原理与评价方法；海底复杂地层大深度钻探取心与随钻测量技术原理；海底人工诱导成矿原理与技术方法；海底矿产关键金属选冶原理与技术；高分辨海底矿体精准地球物理反演成像方法与技术；海底控

矿构造地球物理勘探物理模拟技术；海底矿产资源人工智能勘探方法与技术。

五、深海采矿活动环评与感知技术基础

深海矿产资源开发是海洋强国战略的重要内容之一，研究深海采矿活动对海洋环境的影响，建立合理的环境评价方法，开展深海采矿环境变化的智能监测方法研究，并对深海采矿可能引起的环境效应进行合理评估和预测，对海洋环境保障和深海资源可持续开发具有重要科学意义和实践价值。

重点研究方向：深海采矿环境的智能监测与预测方法；深海采矿对生物多样性的影响机制与修复技术原理方法；深海采矿绿色技术标准评估原理与方法；深海采矿环境的边缘感知技术原理与数据智能应用方法。

六、极地海洋与大洋公海生物资源产出与长期动态预测技术基础

对大洋、深渊、极地海洋的开发，是我国战略新疆域的拓展。对海洋生物资源的研究与开发利用，是我国积极参与国际海洋治理的重要抓手，是推动建设“海洋命运共同体”的现实手段。在未来更长的时期内，极地大洋公海生物资源开发及其工程科技发展事关国家经略海洋的战略利益，其中资源及其依存生态系统变动机制、极端环境适应性等基础科技研究是支撑此战略目标的关键基石。

重点研究方向：气候变化背景下极地海洋生态系统对气候变化响应与适应机制；极地海洋极端环境生物生存机制；气候变化对大洋公海渔业生态系统变化的驱动机制；南极磷虾、金枪鱼、头足类、中层鱼等广布大宗资源监测评估与长期变动趋势、机制与预测及其对生态系统影响；适应极地大洋公海极端环境的渔业资源高效绿色利用技术与工艺；支撑极地、亚极地、大洋公海渔业生产的资源、安全保障信息速报体系；适应国际治理

新机制的极地、大洋渔业活动生态影响评价方法体系。

七、海洋智能感知技术基础

由于我国智能传感器刚刚起步，各类感知平台包括岸基、走航、浮/潜标及天基观测仍然比较孤立，没有形成系统化、网络化的综合环境观测体系，尚不具备深海体系化、大范围、长周期、高精度、连续观测与原位实验开发的技术能力，水下导航等关键技术存在“卡脖子”现象。海洋智能感知技术是海洋信息获取的途径，是构建海空天一体化通信网络的基础，亦是高灵敏、高分辨、高度集成化的声、光、电磁智能传感技术，是海洋信息感知技术的发展方向。

重点研究方向：高灵敏、高分辨、高度集成化声光电磁智能传感原理与方法；新型海洋、气象、深远海监测传感器系统制造原理与方法；新型海洋资源与地形地貌地质勘探原理与方法；智能感知水下定位导航及弱磁检测原理与方法；新型智能感知水声探测原理与方法。

八、海洋数字孪生技术基础

将海洋环境数据与数字模型相结合，通过高仿真手段实现对海洋环境的全面监测和预测，实现海洋装备的数字孪生构造，对推动海洋科学研究、海洋探测、海洋资源开发、军工国防都具有重大战略意义。目前海洋环境数据的全面获取、整理与挖掘仍然困难，因此我国尚未形成全链路、深层次、全覆盖的孪生海洋体系，同时缺乏对海洋数字孪生模型准确性和可靠性的验证手段，海洋数字孪生技术仍属于“卡脖子”技术，亟待进一步挖掘与研究拓展。

重点研究方向：全链路高感知孪生海洋系统原理与方法；数字孪生海洋信息物理融合方法；海洋虚拟现实和映射原理与方法；复杂海洋数字孪生模型验证手段与方法。

九、近海渔业资源科学养护与低碳绿色可持续产出技术基础

开展本方向基础研究是出于我国国民经济发展及食物市场供给需求、绿色可持续发展需求、“双碳”目标实现需求的综合考量。2023年，我国海洋渔业在我国海洋产业中所占比例约为11.3%，是经济发展的重要组成部分，是我国食物供给保障中重要的一环（中华人民共和国自然资源部海洋战略规划与经济司，2024）。同时，发展低碳、碳汇渔业，对于快速发展的沿海地区推进生态环境修复、实现“双碳”目标也具有重要正面意义。

重点研究方向：多重压力下近海重要渔业种群的生态适应；基于有限数据的渔业资源评估与管理策略评价；食物网关键过程调控与生态系统可持续产出；区域性海洋生态系统模型构建与海洋生态系统健康评价；渔业碳汇过程、机理与碳汇扩增途径与计量；海洋生物资源多样性形成与演变的过程与机制；人类活动和气候变化下海洋光合生物系统演化、海洋生态系统应答模式、演变趋势及潜在生态效应；人类与生态环境协同发展应对管理策略。

十、海洋可再生能源开发的生态环境保护技术基础

海洋可再生能源开发是实现我国温室气体减排目标及推动蓝色经济发展的重要途径。在海洋能源现代化绿色开发和可持续利用的国际趋势下，积极攻克海洋可再生能源开发环保安全技术、研发绿色开发核心装备和设施，建立健全生态风险识别与监测体系，建设海洋能开发利用信息综合服务平台，对保障我国能源安全和经济社会可持续发展具有重要的理论意义和实践价值。

重点研究方向：复杂环境下不同海洋功能区绿色可再生能源设施绿色建造技术；可再生能源开发过程的生态环境风险识别、风险防控技术；多尺度可再生能源开发环境生态调控与修复技术。

十一、深海蓝碳增汇技术基础

海洋储存了地球上约 93%的 CO_2，并且每年清除 30%以上排放到大气中的 CO_2，是地球上最大的碳汇体，利用深海实现蓝碳增汇，是服务于我国“双碳”目标的关键技术之一。在全球变暖、自然灾害频发的大环境下，充分利用深海的储碳潜能，探究深海生态系统的固碳和储碳机制，研发深海冷泉泄漏甲烷物理-化学-生物协同转化为代表的碳捕集和增汇技术，对深化认识海洋碳循环，促进我国“双碳”目标的实现具有重要支撑作用。

重点研究方向：深海生态系统固碳、储碳机制；深海物理-化学-生物协同甲烷（碳）捕集、增汇技术。

十二、海水淡化与资源利用技术基础

海水淡化技术是解决沿海城市缺水问题、提升水环境质量的重要途径，也是服务“一带一路”建设的关键技术。在我国贯彻习近平生态文明思想，推进海水淡化规模化利用的大环境下，充分利用自主核心技术的研发能力及市场机遇，紧密结合我国精密制造、精确调控技术，开展新型海水淡化与资源综合利用技术关键装备研制和“瓶颈”技术的创新性研究，有效支撑国家战略和行业发展需求，对提升技术可靠性和成熟度，促进海水淡化产业高质量发展，保障沿海地区水资源安全具有重要的理论价值和现实意义。

重点研究方向：具有水通道效应的超快分离膜性能强化方法；高能效高压泵和能量回收原理与方法；协同水力学与膜污染防控的机制构建；微生物海水淡化方法；热能梯级高效利用技术；多尺度化可控结晶原理与方法。

第九章　海洋领域发展推进措施与政策建议

结合项目研究提出的2040发展愿景及其对工程科技发展的需求，重点考虑新形势下安全与发展结合、形成我国发展新格局的要求，为推进和保障所提出的工程科技重点任务实施，研究所需要的政策、科研环境和保障条件，对比国内外工程科技及其相关产业的发展政策和运行机制，提出推动与支持我国工程科技发展的政策工具及管理措施。

一、加强海洋工程科技领域的顶层设计，做好统筹规划

面向国家战略资源对外依存度高的痛点、难点，以核心技术创新为驱动，把握世界科技前沿，加强海洋工程科技发展的顶层设计和海洋科技项目的统筹布局。厘清科研院所、高校、业务中心作为海洋创新主体的侧重点，发挥各自优势，避免重复建设。引导海洋科研单位树立打造国之重器的工匠之心，凝聚海洋科技之合力，实现海洋工程科技的“弯道赶超”和系统跨越，全面支撑海洋强国建设。

二、发挥体制机制优势，实现产学研用一体化集成应用

充分发挥“集中力量办大事”的新型举国体制优势，以国家立项研发为宏观牵引，实施科研院所、高校与企业的联合攻关，努力推动海洋资源开发的人才队伍、技术装备和经济效益的综合发展。开展创新性科学研究、技术攻关、实验研究与科技成果转化，培育和共建科研创新平台，支撑重大工程和基础设施项目的开展与技术能力建设，进一步实现优势互补和协同创新。聚焦关键核心技术攻关，全面推进“产-学-研-用”一体化建设，促进中国海洋工程行业的持续高质量发展。

三、强化自主创新，促进技术装备高质量发展

以国家科技专项为牵引，重视基础性、共性的科技研究发展，构建国内海洋装备产业链，提升国产装备在海洋资源能源开发中的主体作用。充分发挥中国北斗定位与通信、5 G 网络和大数据等技术优势，并以生态理念为指导，满足海洋资源能源开发过程中的绿色、高效、智能等高新技术需求，发展新型技术，降低深海环境影响，提高经济效益，促进海洋资源能源开发技术装备的高质量发展。

四、深化国际交流与合作，提升国际话语权

积极参与国际大洋和极地协会相关组织，通过“联合国海洋科学促进可持续发展十年”（2021—2030 年，简称“海洋十年”）等活动提高海洋领域的国际合作程度，提升中国在国际事务中的话语权。制订国际合作科学计划，凝聚国际科研力量，增进对海洋生态系统以及海洋资源能源开发潜在影响的科学知识的交流，不断提高国际认可度。

五、创新海洋人才体制机制，加强人才培养和成果转化

强化海洋科技人才的核心作用，完善海洋人才建设顶层设计，优化国家战略科技力量布局，探索适宜中国海洋科技创新发展的人才队伍建设和培养的体制机制，形成各类海洋人才衔接有序、梯次清晰、合理分布的良好格局，打造具有创新能力的海洋人才队伍。加强科技成果权益分配的法律法规建设，鼓励科技人员采取多种方式分享科技成果转化收益，参与创办高新技术企业，促进创新成果转移、转化和产业化。

六、加大研发投入，把握跨越式发展新机遇

应对当前的环境保护与资源竞争形势，要坚持系统思维，加大各项投入力度，强化和突出技术创新主体地位，系统梳理关键技术，重

点布局基础性、前沿性、渗透性较强的技术，提升核心竞争力和控制力。同时，通过引进已有先进技术，协同作业，重点攻关，推动资源整合，吸收再创新，创造发展深海矿产开发的核心技术、颠覆性技术等超越发展的新机遇。

参考文献

北极问题研究编写组. 2011. 北极问题研究[M]. 北京：海洋出版社.

陈蓓. 2021. 矿山院承担的“海底集矿及导航定位系统开发”课题设备顺利通过实验室检测验收[EB/OL]. http://www.cimr.com.cn/kyxw/qyxw/202105/t20210510_420398.html[2024-11-15].

陈春，高峰，鲁景亮，等. 2016. 日本海洋科技战略计划与重点研究布局及其对我国的启示[J]. 地球科学进展，31（12）：1247-1254.

陈光进，孙长宇，马庆兰. 2020. 气体水合物科学与技术[M]. 2 版. 北京：化学工业出版社.

陈宁，赵露. 2021. 美国海洋科技政策特征及其对中国的启示[J]. 科技导报，39（8）：9-16.

陈旭光，寇海磊，牛小东，等. 2024. 深海水下技术装备发展研究[J]. 中国工程科学，26（2）：1-14.

程骏超，何中文. 2017. 我国海洋信息化发展现状分析及展望[J]. 海洋开发与管理，34（2）：46-51.

顾金俊. 2012-05-10. 韩将大力开发海洋工程装备产业[N]. 经济日报，4.

管克江. 2024. 中企承建的世界最大反渗透式海水淡化项目完成可靠性运行[EB/OL]. http://world.people.com.cn/n1/2024/0308/c1002-40191886.html[2024- 03-09].

国家海洋战略与权益研究基地. 2015. 深海勘探研究各国纵览[EB/OL]. https://colp.sjtu.edu.cn/CN/show.aspx?info_lb=130&info_id=936&flag=66[2024-03-09].

国家能源局. 2024. 2023 年全国油气勘探开发十大标志性成果[EB/OL]. https://www.nea.gov.cn/2024-01/09/c_1310759352.htm[2024-03-09].

国家能源局福建监管办公室. 2007. 国电集团研制成功国内最先进的潮汐机组[EB/OL]. https://fjb.nea.gov.cn/dtyw/hyxx/202311/t20231113_210683.html[2024-12-23].

国家能源之声. 2024. 国能红色印记|日月同辉！海洋律动激发澎湃绿能[EB/OL]. https://mp.weixin.qq.com/s?__biz=MjM5MTE2MDk0OA==&mid=2650436233&idx=3&sn=b61ae480b775c24001176754555a3858[2024-12-23].

韩林生，王祎. 2022. 全球海洋观测系统展望及对我国的启示[J]. 地球科学进展，37（11）：1157-1164.

何正标. 2020. 我国海洋信息化新型基础设施建设研究[J]. 江苏海洋大学学报（人文社会科学版），18（4）：9-17.

胡聪，毛海英，尤再进，等. 2018. 中国海域波浪能资源分布及波浪能发电装置适用性研究[J]. 海洋科学，42（3）：142-148.

化蓉，段晓峰，郭越，等. 2023. 我国海洋信息产业发展现状、问题及有关建议[J]. 海洋经济，13（3）：58-62.

黄腾飞. 2024. 钛行业专题报告：钛产业向成熟期迈进，开启高端化进程[EB/OL]. https://mp.weixin.qq.com/s/f2QPGaopYaFZkMLQoZz7og[2024-11-15].

姜雅，张涛，黎晓言. 2020. 日本天然气水合物研发最新动态及问题对策研判[J]. 国土资源情报，(6)：20-27.

科技部，国家海洋局. 2015. 海水淡化与综合利用关键技术和装备成果汇编[EB/OL]. https://www.most.gov.cn/xxgk/xinxifenlei/fdzdgknr/qtwj/qtwj2015/201512/W020151202574796408966.pdf [2024-05-22].

匡立春，刘合，任义丽，等. 2021. 人工智能在石油勘探开发领域的应用现状与发展趋势[J]. 石油勘探与开发，48（1）：1-11.

李柏松，王学力，王巨洪. 2018. 数字孪生体及其在智慧管网应用的可行性[J]. 油气储运，37（10）：1081-1087.

李风华，路艳国，王海斌，等. 2019. 海底观测网的研究进展与发展趋势[J]. 中国科学院院刊，34（3）：321-330.

李刚，李小森，翁一凡，等. 2025. 天然气水合物实验模拟装置和数值模拟器的研究进展[J]. 太阳能，(1)：33-42.

李维科. 2023. 简析全球深海采矿发展现状及挑战[EB/OL]. https://mp.weixin.qq.com/s/x5 qNJOCOKpIrfUiHqCTIWQ[2024-03-09].

李小春，刘延锋，白冰，等，2006. 中国深部咸水含水层 CO_2 储存优先区域选择[J]. 岩石力学与工程学报，25（5）：963-968.

李晓敏. 2020. 美国海洋科学技术未来十年发展重点及对我国的启示[J]. 全球科技经济瞭望，35（9）：1-8.

李雄炎，秦瑞宝，魏丹，等. 2023. 中国海上潜山裂缝性储层测井评价研究进展[J]. 中国海上油气，35（5）：69-82.

李志川，胡鹏，马佳星，等. 2022. 中国海上风电发展现状分析及展望[J]. 中国海上油气，34（5）：229-236.

林玲，张子晨. 2018. 全球首制227米深海采矿船出坞 展现福建造船实力[EB/OL]. https://www.chinanews.com.cn/cj/2018/03-29/8479230.shtml[2024-03-09].

刘建强，叶小敏，宋庆君，等. 2023. HY-1 C/D海洋水色卫星产品体系及其典型应用[J]. 遥感学报，27（1）：1-13.

刘堃，刘容子. 2015. 欧盟“蓝色经济”创新计划及对我国的启示[J]. 海洋开发与管理，32（1）：64-68.

刘堃，刘容子. 2017-03-02. 我国海洋科技迈向“深蓝”[N]. 光明日报，13.

刘维丽斯. 2022. 公海保护区建设与海洋环境保护[J]. 环境工程，40（4）：303-304.

刘玉新，麻常雷. 2018. 英国海洋能开发利用分析[J]. 海洋开发与管理，35（3）：3-7.

柳文华，苏仁琼. 2015. 国内外海水利用发展与趋势对比分析[J]. 海洋科学前沿，2（1）：1-6.

鲁铮博，史宇坤，华洪，等. 2020. 国际大洋科学钻探的数据资源与共享现状[J]. 高校地质学报，26（4）：472-480.

麻常雷，夏登文，王海峰. 2017. 国内外海洋能进展及前景展望研究[M]. 北京：海洋出版社.

麻常雷. 2020. 中国海洋能产业进展2020[M]. 北京：海洋出版社.

麻常雷. 2022. 海洋能开发利用技术进展2020[M]. 北京：海洋出版社.

马德毅. 2012. 发展海洋科技 促进海洋生态文明 建设海洋强国[J]. 海洋开发与管理，29（12）：55-56.

毛柳伟，杜度，李杨. 2020. 水下滑翔机集群应用现状与关键技术展望[J]. 舰船科学技术，42（23）：13-20.

米立军. 2023. 全球海上 CO_2 封存现状及中国近海机遇与挑战[J]. 中国海上油气，35（1）：123-135.

宁玉瑛，朴馨语. 2023. “南鲲”号出港！全国首台深远海兆瓦级波浪能发电平台出港实验[EB/OL]. http://gd. people.com.cn/n2/2023/0609/c123932-40450577.html [2024-12-23].

潘云鹤，唐启升. 2017. 海洋强国建设重点工程发展战略[M]. 北京: 海洋出版社.

潘云鹤，唐启升. 2020. 海洋工程科技中长期发展战略研究报告[M]. 北京：海洋出版社.

潘云鹤，唐启升. 2020. 海洋强国战略研究 2035[M]. 北京：海洋出版社.

邱丽静. 2022. 全球海上风电扬帆远航[EB/OL]. https://cpnn.com.cn/news/zngc/202211/t20221121_1569553.html [2024-03-09].

屈新雨，王征. 2023. 水下滑翔机研究应用现状及未来展望[J]. 船电技术，43（11）：27-32.

邵明娟，张炜. 2020. 美国国家天然气水合物研发计划概述及启示[J]. 地质论评，66（S1）：191-192.

孙岩，韩昌甫. 1999. 我国滨海砂矿资源的分布及开发[J]. 海洋地质与第四纪地质，19（1）：117-121.

拓守廷，温廷宇，张钊，等. 2021. 大洋钻探计划运行的国际经验及对我国的启示[J]. 地球科学进展，36（6）：632-642.

唐建业，石桂华. 2010. 南极磷虾渔业管理及其对中国的影响[J]. 资源科学，32（1）：11-18.

唐建业. 2016. 南极海洋保护区建设及法律政治争论[J]. 极地研究，28（3）：370-380.

王冀. 2016. 海洋大学盐差能发电技术研究试验项目关键技术获突破[EB/OL]. http://www.membranes.com.cn/xingyedongtai/kejidongtai/2016-09-29/27014.html[2024-03-09].

王建花，王艳冬，刘国昌. 2017. 基于波场延拓和反演的变深度缆地震数据鬼波压制方法[J]. 石油地球物理勘探，52（5）：885-893，877.

王静，唐军武，张锁平. 2012. 雷达技术在海洋观测系统中的应用[J]. 气象水文海洋仪器，29（2）：59-64.

王力峰，付少英，梁金强，等. 2017. 全球主要国家水合物探采计划与研究进展[J]. 中国地质，44（3）：439-448.

王敏生，闫娜，孙健，等. 2014. 巴西国家石油公司深水技术研发与管理[J]. 石油科技论坛，（4）：60-64.

王新仪，马学广. 2022. 欧盟海洋空间规划理念、方法及启示[J]. 浙江海洋大学学报（人文科学版），39（3）：9-17.

吴立新，陈朝晖，林霄沛，等. 2020."透明海洋"立体观测网构建[J]. 科学通报，65（25）：2654-2661.

夏登文，李拓晨，丁莹莹，等. 2015. 海洋能产业技术创新体系研究[M]. 北京：海洋出版社.

谢彬，曾恒一. 2021. 我国海洋深水油气田开发工程技术研究进展[EB/OL]. https://mp.weixin.qq.com/s/FO6xYIwDdBwmVhl75LEv0 g[2024-11-15].

解习农，赵帅，任建业，等. 2022. 南海后扩张期大陆边缘闭合过程及成因机制[J]. 地球科学，47（10）：3524-3542.

许婧. 2024. 中国深海矿产资源开发关键技术研究与装备研制取得重大突破[EB/OL]. https://www.chinanews.com.cn/gn/2024/07-09/10248592.shtml[2024- 11-15].

薛明媚，王金平. 2023. 美国NOAA资助海洋和沿海资源管理[EB/OL]. http://www.casisd.cas.cn/zkcg/ydkb/kjqykb/2023/kjqykb202303/202304/t20230427_6746617.html[2024-11-15].

央视新闻. 2024. 国家海洋综合试验场（珠海）首批试验启动[EB/OL]. https://baijiahao.baidu. com/s?id=1814771288794819903&wfr=spider&for=pc[2024-12-23].

杨照，马良，刘晓炎. 2022. 海洋产业服务平台建设思路及案例解析：以海洋大数据平台为例[J]. 中国海洋大学学报（社会科学版），（S1）：1-6.

姚雪青. 2023. 中国船舶科学研究中心水下工程研究开发部主任杨申申："我的梦想在深海"[EB/OL]. https://www.chinanews.com.cn/gn/2023/05-02/10000644.shtml[2024-11-15].

叶云飞，孙文博，黄饶. 2023. 中国海洋宽频地震勘探技术现状、应用案例与发展方向[J]. 石油学报，44（12）：2286-2296.

佚名. 2024. 韩国 KRISO 海洋温差能发电站[EB/OL]. http://www.hynyw.com/article/4596.html[2024-03-09].

于莹，刘大海. 2019. 日本深海稀土研究开发最新动态及启示[J]. 中国国土资源经济，（9）：46-51.

苑晶晶，吕永龙，贺桂珍. 2017. 海洋可持续发展目标与海洋和滨海生态系统管理[J]. 生态学报，37（24）：8139-8147.

张保淑. 2018-06-23. 耕耘“蓝色沃土”收获“绿色动力”——中国海洋能开发利用成果丰硕. 人民日报海外版，8.

张盖伦. 2017. 南海大洋钻探下半场结束 科学家发现大陆破裂新模式[EB/OL]. https://society.huanqiu.com/article/9 CaKrnK3 oVd[2024-11-15].

张功成. 2023. 南海渐进式边缘海构造旋回控制深水油气成藏理论[J]. 石油学报，44（4）：569-582.

张丽芳. 2014. 浅述人工智能在智能控制领域的应用[J]. 企业技术开发（下半月），33（11）：73-74.

张涛，冉皞，徐晶晶，等. 2021. 日本天然气水合物研发进展与技术方向[J]. 地球学报，42（2）：196-202.

张炜，田黔宁，邵明娟. 2016. 日本甲烷水合物开发计划进展跟踪[EB/OL]. https://www.cgs.gov.cn/gywm/gnwdt/201609/t20160930_406312.html [2024-05-22].

张贤，杨晓亮，鲁玺，等. 2023. 中国二氧化碳捕集利用与封存（CCUS）年度报告（2023）[EB/OL]. https://www.acca21.org.cn/trs/000100170002/16690.html [2024-03-09].

张志强. 2011. 近期国际主要海洋生态系统研究计划[J]. 科学研究动态监测快报：资源环境科学专辑，（6）：1-8.

赵建东. 2023. 探极八万里 纵横三大洋：中国极地大洋科学考察成果综述[EB/OL]. http://aoc.ouc.edu.cn/2023/0302/c28894 a424716/pagem.htm[2024-03-09].

赵熙熙. 2016. 新传感器将更好勾勒海洋图景：科学家计划在 2030 年建成一套新的全球海洋监测系统[EB/OL]. https://www.cas.cn/kj/201601/t20160127_4525918.shtml

[2024-03-09].

中国海洋报. 2018. 我国卫星基本形成覆盖全球的海洋监测能力[J]. 海洋与渔业，（8）：9.

中国海洋发展研究中心. 2022. 美能源部发布新版《海上风电市场报告》[EB/OL]. https://aoc.ouc.edu.cn/2022/0831/c9829 a376331/page.htm [2024-03-09].

中国海洋观测. 2023. 数说 IOOS｜美国综合海洋观测系统现状概述[EB/OL]. https://mp.weixin.qq.com/s/YJD7 Q6 CSYbqDK2 fElQVxaw[2024-11-15].

中国能源建设集团有限公司. 2022. 中企承建的全球第二大膜法海水淡化厂实现整体商运[EB/OL]. http://www.sasac.gov.cn/n2588025/n2588124/c25766533/content. html [2024-05-22].

中华人民共和国自然资源部海洋战略规划与经济司. 2024. 2023 年海洋生产总值增长 6%[EB/OL]. https://www.mnr.gov.cn/dt/ywbb/202403/t20240320_2840072.html [2024-03-20].

中科院之声. 2021. 科研人员研制出大尺度全尺寸开采井天然气水合物三维综合试验开采系统[EB/OL]. https://mp.weixin.qq.com/s/JLYDbdoUOpNHRNMsFDc-cQ [2024-11-15].

周守为，李清平，朱军龙，等. 2023. 中国南海天然气水合物开发面临的挑战与思考[J]. 天然气工业，43（11）：152-163.

OES, IEC. 2022. OES 和 IEC 联合发布《支持海洋能技术发展及产业化》报告[EB/OL]. https://newenergy.in-en.com/html/newenergy-2416649.shtml [2024-03-09].

Arrigo K R, Mock T, Lizotte M P. 2010. Primary producers and sea ice[M]//Thomas D N, Dieckmann G S. Sea Ice. 2nd ed. Oxford: Wiley-Blackwell.

Arrigo K R. 2014. Sea ice ecosystems[J]. Annual Review of Marine Science, 6: 439-467.

Beaugrand G, Kirby R R. 2010. Climate, plankton and cod[J]. Global Change Biology, 16(4): 1268-1280.

Brown T A, Belt S T, Philippe B, et al. 2011. Temporal and vertical variations of lipid biomarkers during a bottom ice diatom bloom in the Canadian Beaufort Sea: Further evidence for the use of the IP25 biomarker as a proxy for spring Arctic Sea ice[J]. Polar

Biology, 34(12): 1857-1868.

CCAMLR. 2019. Statistical Bulletin[EB/OL]. https://www.ccamlr. org/en/data/statistical-bulletin[2024-03-09].

Chong Z R, Yang S H B, Babu P, et al. 2016. Review of natural gas hydrates as an energy resource: Prospects and challenges[J]. Applied Energy, 162: 1633-1652.

DOE. 2021. Energy secretary Granholm announces ambitious new 30 GW offshore wind deployment target by 2030[EB/OL]. https://www.energy.gov/articles/energy-secretary-granholm-announces-ambitious-new-30gw-offshore-wind-deployment-target[2024-11-15].

Fossheim M, Primicerio R, Johannesen E, et al. 2015. Recent warming leads to a rapid borealization of fish communities in the Arctic[J]. Nature Climate Change, 5: 673-677.

Garrison D L, Ackley S F, Buck K R. 1983. A physical mechanism for establishing algal populations in frazil ice[J]. Nature, 306: 363-365.

Global Wind Energy Council. 2024. Global Wind Report 2024[EB/OL]. https://gwec.net/wp-content/uploads/2024/05/GWR-2024_digital-version_final-2.pdf[2024-11-15].

He J, Li X S, Chen Z Y, et al. 2022. Sustainable hydrate production using intermittent depressurization in hydrate-bearing reservoirs connected with water layers[J]. Energy, 238: 121752.

Hewitt R P, Watkins J, Naganobu M, et al. 2004. Biomass of Antarctic krill in the Scotia Sea in January/February 2000 and its use in revising an estimate of precautionary yield[J]. Deep Sea Research Part Ⅱ: Topical Studies in Oceanography, 51(12/13): 1215-1236.

Kastner M, Myers M, KohGe C A, et al. 2022. Energy transition and climate mitigation require increased effort on methane hydrate research[J]. Energy & Fuels, 36(6): 2923-2926.

Koh D Y, Kang H, Lee J W, et al. 2016. Energy-efficient natural gas hydrate production using gas exchange[J]. Applied Energy, 162: 114-130.

Lee S H, Stockwell D A, Joo H M, et al. 2012. Phytoplankton production from melting ponds on Arctic Sea ice[J]. Journal of Geophysical Research: Oceans, 117(C4):1-11.

Li C F, Li J B, Ding W W, et al. 2015. Seismic stratigraphy of the central South China Seabasin and implications for neotectonics[J]. Journal of Geophysical Research: Solid Earth, 12: 1377-1399.

Ocean Energy Europe. 2022. Ocean Energy: Key Trends and Statistics 2021[R]. Brussels: Ocean Energy Europe.

Ross S W, Brooke S, Mather R. 2011. Mission introduction[EB/OL]. https://oceanexplorer.noaa.gov/explorations/11 midatlantic/welcome.html[2024-09-12].

Saenz B T, Arrigo K R. 2012. Simulation of a sea ice ecosystem using a hybrid model for slush layer desalination[J]. Journal of Geophysical Research: Oceans, 117(C5). DOI: 10.1029/2011JC007544.

Tan Z F, Pan G, Liu P K. 2016. Focus on the development of natural gas hydrate in China[J]. Sustainability, 8(6): 520.

Tao J L, Dai L M, Lou D, et al. 2020. Accretion of oceanic plateaus at continental margins: Numerical modeling[J]. Gondwana Research, 81: 390-402.

Trathan P, Everson I, Miller D, et al. 1995. Krill biomass in the Atlantic[J]. Nature, 373: 201-202.

Wang X L, Zhang J C, Zhao X Y. 2016. A post-processing method to remove interference noise from acoustic data collected from Antarctic krill fishing vessels[J]. CCAMLR Science, 23: 17-30.

Watkins J L, Hewitt R, Naganobu M, et al. 2004. The CCAMLR 2000 Survey: A multinational, multi-ship biological oceanography survey of the Atlantic sector of the Southern Ocean[J]. Deep Sea Research Part Ⅱ: Topical Studies in Oceanography, 51(12/13): 1205-1213.

Xie D, Gong M Y, Wei W, et al. 2019. Antarctic krill (*Euphausia superba*) oil: A comprehensive review of chemical composition, extraction technologies, health benefits, and current applications[J]. Comprehensive Reviews in Food Science and Food Safety, 18(2): 514-534.

Xu Y P, Ge H M, Fang J S. 2018. Biogeochemistry of hadal trenches: Recent developments and future perspectives[J]. Deep Sea Research Part Ⅱ: Topical Studies in Oceanography, 155: 19-26.

Yang L, Zhao J F, Wang B, et al. 2016. Effective thermal conductivity of methane hydrate-bearing sediments: Experiments and correlations[J]. Fuel, 179: 87-96.

Yin Z Y, Linga P. 2019. Methane hydrates: A future clean energy resource[J]. Chinese Journal of Chemical Engineering, 27(9): 2026-2036.

Zhao J, Zheng J N, Wang X R, et al. 2022. Effects of underlying gas on formation and gas production of methane hydrate in muddy low-permeability cores[J]. Fuel, 309: 122-128.

关键词索引